酒店空间设计

JIUDIAN

KONGJIAN

SHEJI

主编 乔会杰 王 洋 王 楠

航空工业出版社

北 京

内 容 提 要

　　世界旅游业的发展使酒店业在国民经济中的地位日趋重要。现代酒店空间设计逐步呈现人文化、多样化、个性化的发展趋势，其依据空间的不同功能、文化等作相应的处理，在满足基本功能以外兼顾酒店的文化风格及个性视觉设计，使文化艺术融入酒店空间。本书围绕新时代对酒店室内环境设计在物质与精神上的要求，在明确酒店空间设计相关基础知识的同时，汲取国际优秀酒店设计案例，系统阐述了酒店筹划与设计的全过程方式方法。本书共分为三章，包括概念与基础、酒店空间设计要点与方法、欣赏与分析。

图书在版编目（CIP）数据

　　酒店空间设计 / 乔会杰，王洋，王楠主编 . — 北京：
航空工业出版社，2023.4
　　ISBN 978-7-5165-3324-6

　　Ⅰ．①酒… Ⅱ．①乔…②王…③王… Ⅲ．①饭店 –
建筑设计 Ⅳ．① TU247.4

　　中国国家版本馆 CIP 数据核字（2023）第 055283 号

酒店空间设计
Jiudian Kongjian Sheji

航空工业出版社出版发行
（北京市朝阳区京顺路 5 号曙光大厦 C 座四层　100028）
发行部电话：010-85672663　010-85672683

北京荣玉印刷有限公司印刷　　　　　　　全国各地新华书店经售
2023 年 4 月第 1 版　　　　　　　　　　2023 年 4 月第 1 次印刷
开本：889 毫米 ×1194 毫米　1/16　　　　字数：362 千字
印张：14.5　　　　　　　　　　　　　　定价：79.00 元

本书编委会

主　编　乔会杰　王　洋　王　楠

副主编　费文俞　李　磊　刘国敏

前言

　　党的二十大报告提出"办好人民满意的教育"的教育方针，落实立德树人根本任务，培养德智体美劳全面发展的社会主义建设者和接班人，加快建设高质量教育体系，发展素质教育。新时代下，我国旅游产业的迅速发展和中外商务活动的频繁举行，为我国酒店行业创造了巨大的市场。简单的住宿条件已经难以满足消费者的旅行需求，人们对酒店的装修装饰风格和设计水平有了更高的要求，信息化、个性化、多样化和具有文化性、地域风情的酒店日益受到了消费者的欢迎，酒店行业迫切需要具备扎实的专业理论知识、创新精神和综合实践能力的环境艺术设计人才。

　　本书紧跟时代发展步伐，系统地对酒店空间设计的基本概念、基本规范、基本方法和基本程序等进行了详细的阐述。内容编写突出了课程思政的新目标，坚持知识传授和价值引领相统一。本书在传授理论知识的基础上，加入了大量和国内及国际优秀酒店设计案例的相关照片，图文并茂、编排思路新颖、文字精练，全面展示了设计思路和设计要点，完整和系统地阐述了酒店从筹划到设计过程中所涉及的内容，方便读者更好地理解酒店的设计理念和空间布局，让学生全面地掌握酒店空间设计的相关知识。本书旨在提高环境艺术设计专业学生与其他读者的酒店空间设计方面的知识技能，实用性极强。

　　本书分为三章：第一章为概念与基础，主要有酒店设计概述、酒店的历史沿革与发展趋势、酒店的分类以及酒店设计的风格类型四节；第二章为酒店空间设计要点与方法，分为六节，主要阐述了酒店公共空间设计、酒店客房空间设计、酒店软装饰设计、酒店照明设计、酒店主题性设计、酒店设计流程与方法；第三章为欣赏与分析，主要包括商务型酒店空间设计、精品酒店空间设计、民宿空间设计的优秀设计案例分析。

　　本书可作为环境艺术设计专业的教材使用，同时也能为室内设计师、室内设计爱好者提供有益的参考。

　　此外，本书作者还为广大一线教师提供了服务于本书的教学资源库，有需要者可致电 13810412048 或发邮件至 2393867076@qq.com。

编　者

2023 年 1 月

课时安排

章名	章节内容	课时分配	课时合计
第一章 概念与基础	第一节 酒店设计概述	2	18
	第二节 酒店的历史沿革与发展趋势	4	
	第三节 酒店的分类	4	
	第四节 酒店设计的风格类型	8	
第二章 酒店空间设计要点与方法	第一节 酒店公共空间设计	8	42
	第二节 酒店客房空间设计	8	
	第三节 酒店软装饰设计	6	
	第四节 酒店照明设计	6	
	第五节 酒店主题性设计	6	
	第六节 酒店设计流程与方法	8	
第三章 欣赏与分析	第一节 商务型酒店空间设计	4	12
	第二节 精品酒店空间设计	4	
	第三节 民宿空间设计	4	

目录

第二章

酒店空间设计要点与方法

| 第三章 |

欣赏与分析

第一章

概念与基础

| 本章概述 |

　　本章在明确酒店基本概念及其重要作用的基础上，分析了酒店的历史沿革与发展趋势，依据酒店的客源等特点梳理了酒店的类别，分析了酒店的八大设计风格类型，帮助学生正确认识与了解酒店设计的相关基础知识。

| 目标导航 |

　　1. 知识目标：了解酒店的起源、含义、发展及重要作用；了解酒店的规模、类型、客源与不同计价方式；掌握酒店的不同设计风格类型。

　　2. 能力目标：能够初步掌握和酒店设计相关的基础概念；能够对酒店规模、类型与特点等做出判断；学会自主分析酒店设计风格类型。

　　3. 素质目标：培育探索精神与工匠精神；树立文化自信，开拓视野。

第一节 酒店设计概述

一、酒店的概念

"酒店"的英文名称有很多，比如"hotel""metel""house"。比较统一的说法是"hotel"，"hotel"源于拉丁语"hospes"，意为承蒙接待，引申义指为旅人提供休息的招待处。酒店在古法语中为"hostel"，在现代法语中为"hotel"，后被英语借用，指的是豪门或官家所拥有的豪华宏伟的宅邸，是主人们款待宾朋的地方。后来，英美等国家也沿用了这一名称来指所有具有商业性的住宿设施。

在我国，由于地域和习惯上的差异，人们对于住宿设施有着不同的称呼，诸如酒店、宾馆、饭店、度假村等。随着人类的进步、社会经济的发展、科学技术和交通的发达，酒店在"停驿""客舍""客栈"（图1-1）的基础上逐步发展起来。而酒店业则是近几十年来随改革开放而大规模兴起的一种现代产业。

酒店是指以夜为时间单位，以大厦式或特定的建筑物为依托，借助客房、餐饮、娱乐设施及相关的多种服务项目向宾客提供服务的一种专门场所。酒店应具备以下

▲ 图1-1　电影中的客栈

基本特征：它是经政府有关部门批准后依法（工商管理法规、公安治安管理条例等）经营的主体；是一座现代化的、设备完善的高级建筑物；和一般旅店的不同之处是除提供舒适的住宿条件外，还包含各式餐厅，提供高级餐饮；有为客人提供娱乐及健身的设施；它必须比一般旅店、客舍在住宿、餐饮、娱乐等方面有更高水准的服务；是一个经济实体，要追求一定的经济效益，以满足社会需要为前提，并应将社会效益、经济效益和环境效益很好地结合起来。

二、酒店的地位与作用

（一）酒店的重要地位

在现代社会，随着世界旅游业的发展和国家间交往活动的增多，酒店业在国民经济中的地位日趋重要。在一些旅游业发达的国家，它已成为国民经济的重要支柱，现代交通业如铁路、高速公路、航运等的快速发展，使地球变"小"了，这就为人们的外出旅游、探亲、文化交流与经商等活动提供了极大的便利。人们外出要留宿、进餐、购物、娱乐，酒店正好提供这样的便利服务以满足需求。酒店也因此成了广大旅行者的"家外之家"，同时酒店也被誉为"城市中的城市，社会中的社会"。

（二）酒店的多重作用

1. 酒店是旅游服务系统的重要组成部分

酒店是旅行者在旅游目的地开展活动的基地，是旅游经营活动中必不可少的物质基础。酒店与旅行社、旅游交通一起构成了旅游业的总体，它们是旅游业的三大支柱，是旅游供给构成的关键要素。旅行社是旅游的组织者和服务者，交通是开展旅游活动的重要工具和手段，酒店则是向旅游者提供基本生活服务保证的场所。诸多要素互相联系，又互相促进。酒店作为旅游业经营活动的基本设施，往往是当地旅游业发展水平的标志之一。图 1-2 为法国的 Le Coucou 酒店。

2. 酒店是增加旅游收入和吸收外汇的重要部门

一般来说，酒店经营收入占了旅游业总收入的一半以上。酒店的服务项目越多，收入也就越多。

3. 酒店是创造就业机会的重要部门

酒店业是一种劳动密集型的服务行业。依据我国目前的行业状况，平均每间酒店客房需配备 2 人。同时酒店业又为酒店设备、物品生产等相关行业提供了大量就业机会。

▲ 图 1-2　法国 Le Coucou 酒店

4. 酒店是社会活动和国际交往的重要场所

酒店是所在城市及地区对外交往、进行社会交际活动的中心，是各国人民互相交往的重要场所，是进行经济、文化交流活动的重要场所。酒店的发展会促进所在地区的经济发展与文化交流，提高社会的文明程度。外宾进入我国后，最先接触的是酒店，酒店服务工作做得好，可使宾客将美好的印象和难忘的友谊带到世界的各个角落。酒店因此成为促进各国人民互相交往、增进友谊的重要媒介，一定程度上起到了对外宣传国家形象的作用。

第二节　酒店的历史沿革与发展趋势

一、中外酒店设计发展史

（一）国外酒店设计发展史

国外的客栈最早出现于古希腊时期。古希腊商业活动的发展与宗教活动的盛行让人们对食宿设施有了更多的需求。

英国早期的客栈出现于11世纪的伦敦，后发展于乡间，并逐渐发展到欧洲各地。1425年兴建的天鹅客栈与黑天鹅客栈是英国早期客栈的代表。北美早期的客栈发展迅速并开始注意改善内部设施，增加了一些吸引客人的设施，如啤酒柜、保龄球草坪等。

18世纪后期至19世纪中叶，欧美资本主义开始发展，城市成为工商业的中心，各种酒店应运而生。其中，美国的酒店逐渐占得领先地位。1794年，美国第一座都市酒店在纽约开业。1829年，在美国波士顿落成的特里蒙特酒店（图1-3）被称为世界上第一座现代化酒店，它开创了酒店管理和设计史上的诸多"第一次"，如第一次在客房内设计了盥洗室并免费提供肥皂，第一次把170间客房分为单人间

▲ 图1-3　特里蒙特酒店

和双人间，第一次设前厅并把钥匙留给客人，第一次设门厅服务员，第一次使用菜单，第一次开展对员工的培训等。特里蒙特酒店为整个新兴的酒店行业确立了明确的标准，可谓是世界酒店历史上的里程碑。

19世纪中叶，欧洲国家纷纷仿效美国。1850年，巴黎首次出现了公司体制的大酒店。此后，"大酒店"一词就成了世界高级酒店的统称。酒店的这一发展阶段被称为"大酒店时期"。建筑外形富丽堂皇，内部装饰华贵典雅、图案纤巧，家具高档精致，崇尚豪华、阔气，是这一时期酒店的主要特征。

19世纪末至20世纪初，世界各地经济文化交流及商业往来频繁，旅游业开始形成规模，经营酒店能获得可观的经济效益，此时酒店行业逐渐进入了商业酒店时期。在这个时期，随着新材料、新技术的出现、高层建筑设计理论的成熟及施工工艺水平的提高，美国率

先兴建高层酒店，继而影响到欧洲。早期高层酒店的建设耗资巨大，酒店的装饰借鉴了大酒店时期富丽堂皇、舒适讲究的风格。在整体布局方面，早期高层酒店充分发挥了高层重叠的设计特点，客房规格统一，将功能分层、分区，设备与家具标准化等成为此时高层酒店的显著特征。

如果说大酒店时期的特征是豪华，那么商业酒店时期的特征则是讲求效益。1931年，在美国纽约开业的华尔道夫·阿斯托利亚旅馆（图1-4）是豪华高层酒店的代表，许多年来一直处在世界一流酒店的行列中。在同一时期，为适应社会各阶层人士的多种需要，也开始出现其他形式的商业酒店，这些酒店从单独经营发展到酒店连锁集团。20世纪40年代，美国希尔顿酒店和喜来登酒店这两家主要的集团公司推广了连锁经营法，创设了全国性酒店连锁系统，之后又将酒店开到世界各地，酒店业随后发展成为国际性行业。此外，由于人们的旅游需求激增，美国的汽车旅馆异军突起。它以简洁实用的装饰设备、低廉的价格和经济实惠的服务为特色，受到了广泛的欢迎，得到了空前的发展。从汽车旅馆起步的假日酒店于1952年在孟菲斯首建，如今其连锁酒店已遍布全球。

▲ 图1-4　华尔道夫·阿斯托利亚旅馆

20世纪50年代以后，旅游业蓬勃发展，酒店业开始进入现代酒店时期。现代酒店继承了大酒店豪华气派和商业酒店经济高效的特征。酒店的内部设施不断推陈出新，并配备了先进的声、光、电技术，设计构思也力求新颖独特。受当代建筑思潮的影响，现代酒店建筑也朝着多元化的方向发展，设计手法层出不穷。现代酒店不仅是商业性的建筑，而且也体现出时代意识、习俗与情趣，并且表现出了精神追求。现代酒店不仅装饰越来越丰富多样，其功能也不断向综合性的方向迈进。它不但提供高标准的食宿、娱乐、健身及购物服务，还可满足会议、演出、展览、宴会等多种社会活动需求，使现代化酒店宛如包罗万象的"城中之城"。

（二）国内酒店设计发展史

中国酒店的历史源远流长。在3000多年前的商代，官办的"驿站"专供传递公文和来往官员住宿，可以说是中国最早的酒店。到了周代，有供客人投宿的"客舍"。西汉建造的"群郗""蛮夷郗"专供外国使者和商人食宿。唐朝、宋朝、元朝、明朝、清朝，酒店业得到了较大的发展，有邸店、四方馆、都亭驿、大同驿、朝天馆、四夷馆等名称。以上这些都是我国早期的酒店。

　　我国古代酒店的发展历经数千年，但规模都比较小，酒店建筑一直停留在低层木结构庭院式组合的格局中，建筑形式往往体现着当地民居的特点。但中国古代酒店的建筑布局却很灵活，尤其是南方的旅馆依势借景，结合庭园绿化，很有特色。如南宋平江府（现苏州）姑苏馆是将江南旅馆与庭园结合的佳例，客房临水而立，可远眺风光景色，馆内花园既有亭台廊榭，又有小桥流水。

　　近代以来，特别是进入 20 世纪以后，随着西方建筑技术与材料的传入，中国酒店建筑发生了深刻的变革，逐渐摆脱低层木结构的模式，改用砖、钢、混凝土和新的结构体系，开始建造高层建筑。当时我国新建的一批大酒店的规模远远超过了历代馆舍，其造型别致，装饰技艺精湛，材料质量好，施工标准高，设备设施先进。这些酒店建筑大多具有西洋风格：1906 年建于上海的汇中酒店（现上海和平饭店南楼）体现出文艺复兴时期的建筑风格；1929 年落成的上海和平饭店（图 1-5）是现代主义建筑风格的主动展现；1934 年建成的上海国际饭店面积紧凑，具有注重效益的商业酒店特色；1900 年建成的北京酒店（现北京酒店老楼）为古典西洋式的风格，在当时的北京别具一格。这些大酒店可谓我国近代建筑发展的典型代表。

▲ 图 1-5　上海和平饭店

　　上海和平饭店建于 1929 年，原名为华懋饭店，属芝加哥学派的哥特式建筑，楼高 77 米，共 12 层。外墙采用花岗岩石块砌成，由旋转门进入，大堂地面由乳白色意大利大理石铺成，顶端挂着古铜镂花吊灯，豪华典雅，有"远东第一楼"的美誉。上海和平饭店以豪华自居，无论是建筑设计还是装潢艺术，在当时都十分具有特色。

　　中华人民共和国成立后，我国建筑行业从设计到技术、材料、施工、设备水平均有很大提高。20 世纪 50 年代兴建的北京友谊宾馆、北京饭店、国际饭店等，庄重宏伟，充分体现了中华民族的传统美学特点。这些酒店建筑大多采用传统的宫殿屋顶、檐口与柱廊，房间高大敞亮，占地面积较大。其他城市以此为模板，又兴建了成都锦江宾馆、西安人民大厦、济南山东宾馆等。

20 世纪六七十年代，我国的外贸、旅游业逐渐发展，每年春秋两季的中国进出口商品交易会使广州的客商倍增，酒店较为紧缺。为此，广州兴建了广州宾馆、白云宾馆、东方宾馆、矿泉客舍、双溪别墅等，广州的酒店设计水平走到了全国前列。这些建筑设计强调功能性，体型与立面设计十分简洁，设计师在空间组织中融合了岭南园林的特点，在中国式酒店建筑的道路上迈出了关键的一步。随后，全国各大城市又纷纷仿效广州的酒店，开始了大规模的酒店建设。

1978 年以后，我国开始真正步入现代酒店的发展阶段。20 世纪 80 年代初，低层建筑的酒店以上海龙柏饭店、北京建国饭店、北京香山饭店等为代表。高层建筑的酒店以广州白天鹅宾馆、上海饭店、南京金陵饭店、北京长城饭店为代表。这些酒店均独具特色，例如，上海龙柏饭店的优美典雅的庭园环境呈现出一种英伦风韵；北京建国饭店注重效益与人情味；香山饭店以传统中国式庭园为布局，突出中国文化的和谐与生机；广州白天鹅宾馆体现了中西结合的风格；上海饭店注重从中国传统文化中汲取养分，创造出了具有中国风格的室内环境；南京金陵饭店的造型别具一格，总体建筑形式采用正方形组合排列，采用与路口广场呈 45 度的倾斜布局，其顶部是我国最早建成的旋转餐厅；北京长城饭店的内部设施达到了国际一流水平，它是我国第一个使用玻璃幕墙的高层酒店。

随着我国开辟经济特区、对外开放等政策的实施，我国现代酒店的建设逐渐进入高潮，酒店设计呈现出多元化的特点。1988 年，为了与国际惯例及国际规范接轨，我国开展了"涉外酒店星级划分与评定"工作，这标志着我国酒店业逐渐走向成熟，此后，我国的酒店建设迎来了第二次发展高峰。

20 世纪 90 年代以后，上海浦东的酒店建设尤为引人注目。浦东酒店的最大特色是注重会议功能，新建的酒店大多都具有规格多样、设施一流的会议厅和较大规模的宴会厅，如香格里拉大酒店有可以容纳 1600 多人的无柱宴会厅，面积达 1530 平方米，为上海之最，此外，酒店还有 11 间面积不同的小型多功能厅，供各种规模的会议使用。

二、我国酒店设计现状

我国酒店业发展的现状可概括为下面几个特点：起步晚，发展迅猛，投资规模大，硬件水平明显高于软件水平。

（一）起步晚

我国酒店业的发展起步于改革开放初期，与国际酒店业的发展相比相对滞后。

（二）发展迅猛

我国酒店业尽管起步较晚，但建设速度却相当快，表现出了强劲的发展态势。在短短的十几年时间里，通过相应政策的扶持与科学的管理制度，酒店已由过去的接待型场所发展成今日的国际现代化星级酒店，酒店建设速度超过了同期世界上其他任何一个国家的发展速度。

（三）投资规模大

为加快我国旅游基础设施建设，我国采用了国家、地方、集体与个人合作，内资与外资合作等方针，掀起了旅游业发展的高潮，有效地扩大了酒店投资规模，推动了酒店业的发展。

（四）硬件水平明显高于软件水平

相比于国际酒店业，我国酒店业的总体水平在硬件方面占据优势地位，软件上却有明显的劣势。我国酒店业在发展过程中，硬件与软件发展呈现出不协调的情况，各地酒店管理水平也参差不齐。

进入 21 世纪以后，我国酒店业已形成大产业、大投入、大竞争、大市场、大集团的局面。

三、酒店设计的发展趋势

21 世纪的设计师，对未来的酒店设计发展趋势应该有一种敏锐的观察、思索和预测能力。设计总是要走在社会发展的前沿，它应该肩负起推动社会向更加文明的方向迈进的重任。

（一）酒店发展设计观

1．"以人为本"的基本设计观

"为人服务，这是室内设计的社会功能的基石。"设计者应始终把人对室内环境的要求，包括物质和精神两方面，放在设计、思考的首位。由于在设计的过程中矛盾错综复杂，设计者需要清醒地认识到"以人为本"的重要性，从"以人为本"这一根本目的出发，对人体工程学、环境心理学、审美心理学等方面给予充分的重视，科学地、深入地了解人们的生理特点、行为心理和视觉感受等。设计者应针对不同的使用对象，相应地考虑不同的要求。例如，对于幼儿活动区域内的窗台，考虑到幼儿的身高，窗台高度应降至450～550毫米之间，楼梯踏步的高度也应在120毫米左右，并分别设置适合儿童和成人高度的扶手。又如，设计一些公共空间时，应考虑残疾人的通行和活动，在室内外高差、垂直交通、厕所盥洗等方面做无障碍设计（图1-6）。在酒店室内空间的组织、色彩和照明的选用及其对室内环境氛围的烘托等方面，更需要设计者去研究人们的行为心理及视觉感受等方面的要求。例如，客房空间要安静、具有亲切感，会议厅要具有庄重感，而娱乐场所则需要绚丽的色彩，并利用各种照明设备给人以兴奋、愉悦的心理感受。

▲ 图1-6 酒店无障碍设计

2. 整体、和谐的自然设计观

整体、和谐的自然设计观影响着现代酒店室内设计的立意、构思、室内风格和环境氛围。酒店室内装饰设计从整体观念上来理解，应该被看作酒店环境设计环节中的重要一环。酒店室内装饰设计的"里"和室外环境的"外"，可以说是一对相辅相成、辩证统一的矛盾体。为更深入地做好室内设计，设计师需要对整体环境有足够的了解和分析，着手于室内，着眼于"室外"。整体环境意识薄弱，就容易导致顾此失彼，"关起门来做设计"会使酒店室内设计缺乏深度，失去内涵。

3. 注重科学性与艺术性的结合

注重科学性与艺术性的结合是现代酒店室内设计的又一基本发展趋势。从建筑和室内设计发展的历史来看，具有创新精神的酒店设计风格的兴起，总是和社会生产力的发展相适应的。社会生活和科学技术的进步、人们价值观和审美观的改变，促使酒店室内设计必须充分重视并积极运用当代科学技术的成果，包括新型的材料、组织结构和施工工艺，以及能创造良好声、光、热环境的设施设备。现代酒店室内设计的科学性除了要在设计观念上有所体现，在设计方法和表现手段等方面也应该要被重视。设计者一方面要充分重视艺术性，高度重视建筑美学原理，创造具有表现力和感染力的室内空间形象和具有视觉愉悦感和文化内涵的酒店室内环境，另一方面要使酒店室内设计的科学性与艺术性、人们的生理要求与心理要求、物质因素与精神因素达到高度平衡。随着科学技术的发展，酒店室内现代化、智能化的信息设备的使用次数日益增加。室内环境设计师虽然不需要掌握与科技有关的艰深理论，但必须对它的发展有基本的认识，能将它应用在室内环境设计中，如此才会有丰富的创作灵感并创造出实用方案。同时，设计师也应认识到，科技只是一种工具，信息设备也只是空间中的一部分，人才是空间的主角，未来的室内环境设计应是以人为主的设计，并且会更加人性化。因此，设计也应更重视人性尊严和情感诉求，这也是未来的设计观。科技将会对世界产生越来越大的影响，因此，设计师应以兼容并包的态度去吸收各种关于科技的新观念，利用科技将人文艺术、自然、形态元素等结合在一起，将其应用在人们的生活环境中，这是未来酒店室内环境设计前进的一大方向。

4. 提倡绿色环保、节约型的设计观

生态环境保护和可持续发展已成为21世纪室内环境设计师迫切需要研究的课题（图1-7）。

▲ 图1-7　隈研吾事务所在巴黎左岸区域设计了一处可持续发展的创新型酒店

高科技的发展带来了人类社会的长足进步，同时也造成了全球环境的恶化。一方面，现代室内环境设计广泛运用各种建筑装饰材料与设计手法，在创造悦目、舒适的人工环境上做出了很大贡献。但另一方面，这一进步是以地球资源与能源的高消耗为代价的，它对地球生态环境的破坏力与日俱增。于是，如何保护人类赖以生存的环境和维持生态系统的平衡，便成为当今全球关注的现实问题，也成为现代设计师们的责任。生态学的观念将在设计中占有越来越重要的位置，并将逐渐发展成为室内环境设计的主流观念。将生态观念引入酒店室内环境设计，扩展其内涵，有助于酒店室内装饰设计向更高层次发展。酒店室内环境生态设计有别于以往各种各样的设计思潮，其特点主要体现在以下三方面。

（1）适度消费

通过室内环境设计创造出的人工环境是人类居住消费中的重要内容。尽管室内生态设计也把"创造舒适优美的人居环境"作为目标，但不同的是，生态学设计理念倡导适度消费和节约型的生活方式，反对酒店室内环境的豪华和奢侈铺张，强调把生产和消费维持在资源和

环境的承受能力范围内，保证发展的持续性，体现了一种崭新的生态文化价值观。

（2）注重生态美学

室内生态设计在传统审美的内容中增加生态因素，强调和谐有机的美。它是美学的一个新发展，强调自然生态美，欣赏质朴、简洁，而不刻意雕琢。同时，又强调人类在遵循生态规律和美的法则下，可运用科技手段加工创造出室内的绿色景观并与自然融合。因此，生态美学带给人们的不是一时的视觉震撼，而是持久的精神愉悦，是一种更高层次、更高境界、更具生命力的美。

（3）倡导节约和循环利用

室内生态设计强调，在酒店室内的建造、使用和更新过程中，要节约和回收利用常规能源与不可再生资源，也要尽量节约和循环使用可再生资源。在室内生态设计中实现资源的循环利用，是现代酒店室内环境生态设计的基本特征，也是未来设计体现可持续发展的基本手段与理念。

5. 简洁的室内环境设计观

简洁体现了设计思想的高度精练，在现代酒店室内装饰设计中，线条及造型日趋简洁，究其原因有以下三个。

其一是受到早期现代设计运动中功能主义的持久影响。建筑设计大师密斯·凡德·罗的名言"少就是多"至今仍然有极强的影响，且不断被后代设计师进行新的诠释。其二是受到东方设计传统尤其是日本设计艺术的影响。第二次世界大战后，日本在建筑与设计领域上有了很大的发展，形成了影响很大的一个设计流派，更加深了这种简洁的设计风格。其三是受目前或相当长一段时间内备受重视的生态设计观的影响。生态学设计观强调环境保护意识，其中一项重要内容就是使用最少原材料，使功能尽可能完善。利用简洁明快的直线和简单优雅的曲线空间环境，可以设计出很多简洁的酒店设计作品。它们更多体现出对自然万物的直接或间接模仿和对现代材料的灵活运用。

6. 动态的可持续发展观

"与时变化，就地权宜"，"幽斋陈设，妙在日异月新"，即所谓"贵活变"的论点是我国清代文人李渔在他关于室内装修的专著中提到的。李渔"贵活变"的论点，虽然还只是从室内装修的构件和陈设等方面去考虑，但是它已经将室内设计作为动态的发展过程来对待。现代酒店室内设计的一个显著特点是它对由于时间的推移而引起的酒店室内功能的变化很敏感。当今社会，生活节奏日益加快，酒店建筑室内的功能复杂多变，室内装饰材料、设施设备，甚至门窗等构件也在不断更新。总之，室内设计和建筑装修的"无形折旧"更突出，更新周期日益缩短，而且人们对室内环境艺术风格的欣赏和追求，也随着时间的推移而改变。"可持续发展"一词最早是在 20 世纪 80 年代中期由欧洲的一些发达国家提出来的，"可持续发展是指满足当前需要而不损害子孙后代满足其需要之能力的发展"。1993 年联合国教科文组织和国际建筑师协会共同召开了以"为可持续未来进行设计"为主题的世界大会，该会提到各种人为活动应重视今后在生态、环境、能源、土地利用等方面的可持续发展。对于现代室内环境的设计和创造，设计者不能急功近利，而要做到可持续发展，力求运用无污染的"绿色装饰材料"以及遵循人与环境、人工环境与自然环境相协调的发展理念。动态和可持续的发展观要求室内设计者既要考虑到设计有不断变化的一面，又要考虑到设计的可持续性。

（二）酒店中的科技观与绿色观

1. 高科技酒店

走进位于多伦多市的黑泽尔顿酒店，你会惊讶于来来往往的服务员在不停地对着胸卡喃喃自语。原来黑泽尔顿酒店给员工配备了 Vocera 通信系统。当客人提出服务员无法独立解决的需求时，服务员只需按下胸卡，说出可以协助他的员工的姓名、职务或部门，系统便会立即与相关员工实现一对一接通。这体现了黑泽尔顿酒店的设备的先进程度。

毫不夸张地说，高科技和智能化水平已经成为衡量一家酒店是否为五星级及五星级以上的标准。全球的高端酒店各显神通，竭尽所能地将科技融入酒店服务和管理的方方面面。

在曼谷开业的瑞士金色郁金香酒店集团旗下的郁金香酒店，每间客房内都有可根据心情、声音调节的灯光和音乐，客人甚至可以自选墙纸的颜色和花样。英国曼彻斯特的城市旅舍的每一个房间都有一台电脑，可供宾客娱乐。置身于高科技酒店中的客人，常常惊叹于这细微处流露出的智能性，如有些酒店就为顾客配备了科技镜子（图 1-8）。

你是否会偶尔粗心大意忘记带钥匙？或者担心房间的安全？一些酒店已经做到了"去钥匙化"。巴黎穆拉诺度假村的指纹锁系统将房间甚至保险箱的安全都系于手指的轻轻一按。你是不是每次都要提醒自己在进入房门后顺手要把纸质的"请勿打扰"标牌悬挂在门把手处？你是不是每次躺在床上后才想起没挂上"请勿打扰"标牌，要强忍着倦意，亲自去门口挂上标牌？虽然纸质标牌历史悠久，也恰如其分地表达了当下最为时尚的环保概念，不

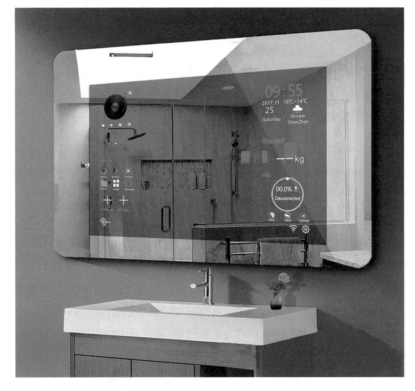

▲ 图 1-8　科技镜子

过也该升级换代了。黑泽尔顿酒店用的是更新换代后的电子控制系统，客房内的触摸式面板开关能直接连接客房外过道处的显示面板，酒店员工通过 LED 灯光指示即可识别客房状态。这下，若是你已躺到了床上，也不用起身，只需按一下床边的控制面板。房间的任意一处墙面上都有控制面板，轻松一按，整个房间顿时成了私密性十足的私人空间，谁都无法打扰。

黑泽尔顿酒店的电话也力推私密化服务。在房间里，你会看见双线彩屏电话，除去免费接听本地和长途电话的服务之外，按下一键式快速拨号按钮，就能快速地接通酒店各处的电话。由此，你能轻而易举地获取大量信息，包括航班详情、天气预报、股票指数播报、周边餐饮和娱乐设施推荐等，相当便捷。你能通过实时影像与来电者实现视频交流。在黑泽尔顿酒店，你仿佛能化身为《未来派报告》里的尖锋战士，体验一众"新式武器"，体验高人一等的快感。

高端酒店将最先进的科技用在了娱乐设施上。英国剑桥查尔斯酒店的"镜中电视"只要人按动按钮，原本映照自己面容的镜子，便会缓缓地映现出荧幕，这不仅起到节约空间的作用，还有点魔幻的味道。黑泽尔顿酒店的每间客房都有 47 英寸的高清液晶电视和数码 5.1 环绕音响系统。想象一下，你躺在特大号的床上，耳膜被音乐声不停地震荡，视线落在超大屏幕上，收获着绝佳的视听享受。

进入房间，你可以将笔记本电脑插入房内的多媒体设备连接器中，从而成功连接电视，实现信息同步。酒店的电视频道早已被标注了一些特定端口，当你将设备接入电视并按下连接器上的连接按键后，电视机中的特定频道将会自动显示设备中的相关内容，你可以尽情地享受自己喜欢的音乐和节目。当然不得不提的是免费的网络连接，光纤提供了 10 兆的带宽，几乎不会出现网络拥堵状况。在这里，你能搬着笔记本到处跑，甚至泳池旁都覆盖了网络。

无独有偶，位于阿联酋首都阿布扎比西北海岸边的酋长国宫殿酒店（图 1-9）以奢华著称，堪称"为国王而建"的建筑，客房内的高科技设备令人叹为观止，刚入住就能领到一个掌上电脑。这个有着 8 英寸小屏幕的超级智能掌上电脑可以用来设定叫早服务，还能下载电影、录像并呼叫服务生。房间里的电视机是 50 英寸或 61 英寸的交互式等离子电视，你足不出户就能买到酒店商场里的东西，退房结账也能一并在房内完成。

▲ 图 1-9　酋长国宫殿酒店

2. 绿色酒店

绿色酒店可以简单地翻译为 "green hotel"，但国际上把 "绿色酒店" 翻译为 "ecology-efficient hotel"，意为 "生态效益型酒店"。由于 "eco" 是 "economy" 的前缀，所以这个单词也隐含着 "经济效益" 的含义。应该说 "green hotel" 只是一种比喻的说法，用来指导酒店在环境管理方面的发展方向。它可以理解为与可持续发展类似的概念，即指能为社会提供舒适、安全、有利于人体健康的产品，并且在整个经营过程中，以一种对社会、对环境负责的态度，坚持合理利用资源，在保护生态环境的同时为自身创造经济利益的酒店。

坐落于河北保定高新区核心地带的电谷锦江国际酒店（图1-10），远观像立体的 "蓝精灵"，被誉为 "金属与玻璃的时装"。这座太阳能大厦是我国首座多角度应用太阳能玻璃幕墙发电的示范建筑。形象点说，这是一座 "呼吸吐纳" 电力与阳光的 "活" 的建筑。由于采用了不同的结构方式，实现了太阳能全玻组件与建筑的完美结合，电谷锦江国际酒店已成为世界上将不同太阳能组件应用方式与建筑结合的范例。

▲ 图1-10　电谷锦江国际酒店

酒店内外随处可见建筑节能技术和可再生能源技术的应用。在外围护结构方面，大厦屋顶采用了5厘米厚的挤塑聚苯板用来保温，外墙采用了5厘米厚的挤塑聚苯板抹灰系统，外窗则采用低能耗的中空玻璃铝合金窗。大厦外墙的五个不同方位安装了4500平方米的太阳能玻璃幕墙，它不仅具有遮阳、环保、节能、隔音、美化建筑、结构牢固等功能和特点，而且具有良好的透光性，可产生电能并降低工作及管理成本。据介绍，整个酒店的光伏发电总装机容量为0.3兆瓦，年发电量为26万千瓦时，全年可节约104吨标准煤，可减少二氧化碳排放270吨，减少二氧化硫排放2.3吨，减少氮氧化合物排放1吨。实际运营2年多以来，酒店累计发电量达到57万度，实现二氧化碳减排533.5吨，相当于节省了228吨标准煤。这种光电幕墙与建筑一体化的尝试与创新在国内外尚属首例，不仅解决了制造、安装等技术难题，而且突破了科研困境并取得了国家专利。值得一提的是，太阳能发电将作为国内光伏发电的样板工程并入地方电网。

人们的注意力往往集中在传统能源的节约利用与新能源的开拓上，实际上我们身边静默矗立的建筑更应该受到关注。在发达国家，建筑用能占据了全国总能耗的30% ~ 40%，因此，如果能将建筑与太阳能的使用相结合，实现光伏建筑一体化，对于社会实现可持续发展显然有着重大的意义。

光伏建筑一体化即将太阳能光伏发电方阵安装在建筑的围护结构外表面来提供电力。根据光伏方阵与建筑结合方式的不同，可将光伏建筑一体化分为两大类：一类是光伏方阵与建筑的结合。光伏方阵依附于建筑物上，建筑物作为光伏方阵的载体起支撑作用。另一类是光伏方阵与建筑的融合。光伏组件作为一种建筑材料，是建筑不可分割的一部分。光伏建筑一体化的优势首先在于节省了空间，不需要占地兴建光伏电站，其次是可自发自用，减少了电力输送过程中的能耗和费用。同时，还能够节约成本，新型建筑材料替代了昂贵的外装饰材料、玻璃幕墙等，减少了建筑物的整体造价，最重要的是它避免了由一般化石燃料发电带来的空气污染。

第三节　酒店的分类

一、按酒店规模分类

酒店的规模可以用很多标准来衡量，而按照客房数量来衡量酒店规模是一种通行的分类标准，它在各种衡量标准中最为客观。

（一）小型酒店

一般把客房数在 100 间以下的酒店称为小型酒店。在我国酒店业中，小型酒店占酒店总数的一半以上，其客房约占总数的 1/4。在夫妻酒店占主要位置的欧洲，酒店的平均客房数不足 50 间，而在日本，酒店平均客房数约为 70 间。在小型酒店中，客人可享受家庭式的服务。但是，由于受建筑设施和经济实力等方面的限制，小型酒店在 VI 设计、招揽顾客和综合服务等方面的竞争力较弱。

（二）中型酒店

一般把客房数在 100 ~ 500 间的酒店称为中型酒店。中型酒店的设施相对来说较为齐全，能够提供舒适方便的客房、餐厅、酒吧、健身设施，是一般旅游者理想的休息、娱乐场所。美国酒店的平均规模大约为 125 间客房。在我国酒店业中，中型酒店占酒店总数的四成以上，其客房数量约占总数的 2/3。

（三）大型酒店

一般把客房数在 500 间以上的酒店称为大型酒店。在我国，大型酒店占酒店总数的 1% ~ 2%，客房数量约占总数的 5%。大型酒店的设施和服务项目十分齐全，一般配有各种规格的会议厅、宴会厅和健身设施、舞厅、音乐酒吧等。大型酒店在 VI 设计、招揽顾客和综合服务等方面具有明显的优势，但在经营方面需承担的风险很大，因此必须采用先进的设备和科学的管理手段，同时具备良好的营销能力。

二、按酒店星级标准分类

由于各个酒店的市场定位、设施设备、接待对象和服务质量不尽相同，因此大多数国家政府或行业协会对酒店按照一定标准和程序进行等级划分，并用相应的标志在酒店显著的位置展示出来。国际上相关的酒店协会也会采用公认的酒店分级制度对酒店进行评级。

国际上采用的酒店分级制度和表示方案主要有以下五种。

（一）星级表示法

星级表示法是指根据一定的标准把酒店划分为不同的等级，用星号（★）来标示，以区别各酒店的档次。在欧洲比较流行的是五星级制，即把酒店分为一星级、二星级、三星级、四星级和五星级，星级越高，酒店的档次就越高。

①一星级酒店作为经济型酒店，其设施、安全、卫生达到了基本规范，具备食、宿两个最基本的功能，能满足最基本的住宿要求。

②二星级酒店属中低档酒店，其价位合理，设备一般，除具备客房、餐厅等基本设施外，还有卖品部，且提供邮电、理发等综合服务，服务质量较好，属于一般的酒店，能够达到基本卫生指标。

③三星级酒店为中档酒店，设备齐全。不仅提供食宿，还有会议室、游艺厅、酒吧间、咖啡厅、美容室等综合服务设施。这种属于中等水平的酒店，在国际上最受欢迎，数量较多，酒店的性价比较高，能满足大部分旅游者的住宿需求。

④四星级酒店属标准豪华级酒店，设备豪华，综合服务设施完善，服务项目多，服务质量佳，室内环境艺术氛围浓厚。客人不仅能够得到高级的物质享受，也能得到很好的精神享受。

⑤白金五星级和五星级酒店是豪华酒店的代名词，设备十分豪华，设施更加完善，除了房间设备豪华外，服务设施同样齐全，配备了各种各样的餐厅、较大规模的宴会厅、会议厅等，综合服务比较齐全，是社交、会议、娱乐、购物、保健等活动的中心。其中白金五星级更能体现酒店的奢华程度，中国现存的白金五星级酒店有中国大饭店、上海波特曼丽嘉酒店、广州花园酒店、济南山东大厦等。

（二）字母表示法

有些国家用英文字母表示酒店的等级。即 A、B、C、D、E 五级，A 级为最高，E 级为最低，这种分级方法与星级表示法有异曲同工之妙。

（三）数字表示法

有些国家把酒店的等级用 1、2、3、4、5 这五个数字序号表示，有的数字越大表示酒店越高档，有的则相反。

（四）价格表示法

有些国家（如瑞士）把酒店按照价格高低分成六级，这种方法的优势在于可以使客人一目了然。

（五）以类代等法

有的国家不设等级制，用文字直接表示酒店的类别以代替酒店的等级。如挪威酒店的表示方法就是由高向低分为乡村酒店、城镇酒店、山地酒店和观光酒店等。

三、按酒店客源类型分类

（一）度假型酒店

度假酒店以接待旅游、观光、休闲、度假的游客为主，度假酒店可以分为两种类型：一类是观光型度假酒店，大多兴建于海滨、草原、海岛、湖泊、森林、雪山等拥有独特旅游资源的风景区域，这类酒店的经营特点是不仅要有基本的食宿功能，还要有较高的休闲娱乐功能，使宾客得到精神和物质上的享受（图1-11、图1-12）。另一类是单纯的休闲型度假酒店，这类酒店虽然没有丰富的旅游资源，但环境安静、优雅、舒适，健身娱乐设备齐全，是游客远离喧嚣、调节生活节奏、释放生活压力的理想休闲度假场所。

▲ 图1-11　ESCARPADA海边度假酒店（一）　　▲ 图1-12　ESCARPADA海边度假酒店（二）

（二）商务型酒店

商务酒店主要接待从事商务活动的客人，其在地理位置、酒店设施、服务项目、价格等方面都以商务为出发点，尽可能地为商务客人提供便利。商务酒店的地理位置要具有优越性，一般要求交通便利，临近商务密集区（如CBD），便于宾客参加各种商务活动和会议。

大型商务酒店提供高级客房、特色餐饮、大型宴会厅和会议室，并提供商务会议、商务洽谈使用的各种设施。

很多五星级酒店为了扩大经营，往往把"度假"和"商务"结合起来，组成一家大型或超大型的综合酒店，酒店的功能设置、客房设施的选用和经营管理都具备了承担上述两种功能的能力。

（三）长住型酒店

此类酒店大多为"候鸟式"客人提供较长时间的食宿服务。现在有部分客人为适应气候的变化，会按不同季节临时迁到不同地区的酒店长住。此类酒店的客房多采用家庭式结构，以套房为主，大房间可供一个家庭使用，也有仅供一个人使用的单人房间。

（四）经济快捷型酒店

经济快捷型酒店又称为有限服务酒店，多为短期旅游、出差者提供服务，具有价格低廉、交通方便、服务快捷的特点。其服务模式为"b&b"（住宿＋早餐）。经济快捷型酒店大多为连锁酒店，此类酒店经济实惠，广受低消费人群的欢迎。

我国的经济型酒店的发展始于1996年，上海锦江集团旗下的"锦江之星"作为中国第一个经济型酒店品牌问世。经过几十年时间的发展，又诞生了包括如家、7天、尚客优、汉庭等一大批快捷酒店品牌。

（五）公寓式酒店

公寓式酒店是一种提供酒店式管理服务的公寓，集住宅、酒店于一体。这种套房的显著特点在于：其一，它类似于公寓，有家庭式的格局和良好的居住功能，有客厅、卧室、厨房和卫生间；其二，它配有全套家具与家电，能够为客人提供酒店的专业服务，如室内打扫、床单更换及一些商务服务等（图1-13）。

公寓式酒店适合长年租住或家庭型的客源。它的出现证明了酒店客房不仅可以作为"睡觉的地方"，还是居住的空间。

（六）民宿

民宿指利用当地居民的闲置资源，为游客提供体验当地自然、文化与生产生活方式的小型住宿设施。它是介于家庭住宅与宾馆之间的建筑形式，是结合当地人文、自然景观与生态环境为宾客提供体验乡野生活的住所（图1-14）。

▲ 图1-13　深圳丹枫·白露公寓式酒店

▲ 图1-14　松阳原舍民宿

从建筑设计的角度来说，民宿因为受多元化的地域文化影响，所以尚未有严格的风格和流派划分，我们可以根据开发的基础来源大致将民宿分为老房改造民宿、艺术设计民宿、农家体验民宿和私人别墅风格民宿四种类型。而从体验功能分类来说，民宿主要有以下四种。

1. 观光游憩型民宿

利用天然的地理优势，可欣赏优美的自然景观和生态环境，如云南大理洱海边的民宿依托了当地得天独厚的风光。

2. 农业参与型民宿

主要依托村寨的农业园区，游客可以参与花卉或特色果林的耕作活动，以及亲子自然科普、农作物采摘等活动。

3. 民俗体验型民宿

这类民宿主要凭借开发当地特有的少数民族节日体验活动，如广西的打油茶、打糍粑、包粽子等，还有如蜡染、刺绣、陶艺、木雕等非物质文化遗产的手工艺品制作活动，让游客沉浸式体验当地的特色文化，陶冶艺术情操，感受民俗风情的魅力，体现了民俗文化价值。

4. 健康保养型民宿

这类民宿主要面向需要放松的人群和中老年群体，开发少数民族医疗健康资源或中医药健康旅游项目，如药浴、药膳、拔罐、艾灸等，将休闲娱乐与养生度假集合于一体。

民宿是民居与酒店的结合体，即在民居原有的基础之上，又具备酒店提供住宿与餐饮的功能。从功能上分析，民宿与城市里的酒店几乎是相同的，主要提供住宿与餐饮服务。区别在于传统酒店追求经济效益，房型与面积都有一定的标准，硬件配套设施齐全，提供标准化的服务。民宿的个性化更加鲜明，不同的民宿有着自身的独特之处，可能是热情的服务，也可能是独特的美食文化等。

民宿相比传统酒店来说最显著的特点。一是提供个性化与定制化的生活体验，给予宾客家庭般的温暖舒适，以及体验另一种生活方式的新鲜感。二是更加注重乡村环境的优美，强调地域文化特色，游客体验活动策划倾向于当地传统活动，重视人文关怀，体现当地风情，更契合消费者的社交需求和情感需求。

四、按酒店计价方式分类

根据酒店计价方式，可将酒店分为欧式计价酒店、美式计价酒店、欧陆式计价酒店、修正美式计价酒店和百慕大计价酒店。

（一）欧式计价酒店

欧式计价是指酒店标出的客房价格只包括宾客的住宿费用，不包括其他服务费用的计价方式。这种计价方式源于欧洲，世界上绝大多数酒店都使用这种计价方式。我国的涉外旅游酒店也基本采用这种计价方式。

（二）美式计价酒店

美式计价是指酒店标出的客房价格不仅包括宾客的住宿费用，而且包括每日三餐的全部费用。因此，美式计价又被称为全费用计价方式，这种计价方式多用于度假型酒店。

（三）欧陆式计价酒店

欧陆式计价是指酒店标出的客房价格包括宾客的住宿费和每日一顿欧陆式简单早餐费用的计价方式。欧陆式早餐主要包括冻果汁、烤面包、咖啡或茶。有些国家把这种计价方式称为"床位连早餐"计价。

（四）修正美式计价酒店

修正美式计价是指酒店标出的客房价格包括住宿费、早餐费和一顿由宾客自选的正餐（中餐和晚餐中选一餐）费用，主要是为了让宾客有较大的自由安排自己白天的活动。

（五）百慕大计价酒店

百慕大计价是指酒店标出的客房价格包括住宿费及一份丰富的美式早餐的费用。美式早餐包括用粗粮做的甜麦圈、烤面包片、火腿和牛奶，有时候还加水果。目前越来越多的酒店采用此计价方式，而且早餐形式也越来越多样化。例如，我国一些豪华酒店开设了中西合璧式自助餐甚至提供早、午餐，一方面为宾客提供了方便，另一方面也增加了酒店餐厅的营业收入。

第四节　酒店设计的风格类型

一、古典欧式风格

古典欧式风格经历了几个时期的发展，表现为不同的风格特征。以古希腊样式为最早，13 至 14 世纪产生了哥特风格，14 至 16 世纪产生了文艺复兴风格，17 世纪盛行巴洛克风格，18 世纪法国的巴洛克风格演变成洛可可风格，之后，新古典运动兴起，18 世纪末流行庞贝式新古典风格，19 世纪前期流行帝政式新古典风格。

在现代酒店设计中，展现古典欧式风格的一般做法是将文艺复兴风格和巴洛克风格的古典装饰特征渗透到现代酒店的设计中去。古典欧式风格主要分为文艺复兴式、巴洛克式和洛可可式三种类型。其主要构成手法有三类：第一类是室内构件要素，如柱式和楼梯等；第二类是家具要素，如床、桌椅等，常以兽腿、花束及螺钿雕刻来装饰；第三类是装饰要素，如墙纸、窗帘、地毯、灯具和壁画等。它们暗含一定的设计法则，注重背景色调，重视比例和尺度的把握。

（一）文艺复兴式

文艺复兴运动产生于 14 世纪的意大利，15 至 16 世纪进入繁盛时期，这一时期强调人性的美感，有意识地模仿古典风格，具有古典艺术再生的现实意义。文艺复兴式以古希腊、古罗马风格为基础，融合东方和哥特式的装饰形式，古希腊时期出现的三大柱式（图 1–15）一直影响着之后的欧洲古典主义设计。在建筑内部，文艺复兴式的表面雕饰细密，呈现出一种理性的华丽。其在家具、陈设和装饰纹样等方面表现出纯朴与和谐，影响了欧洲各国室内设计独特样式的发展，如意大利的家具多不露结构部件，强调表面雕饰，法国的家具雕饰技艺精湛等。

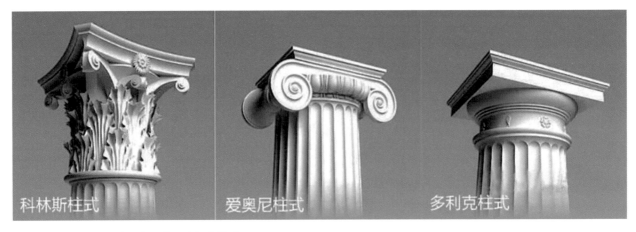

科林斯柱式　　　爱奥尼柱式　　　多利克柱式

▲ 图 1-15　古希腊时期出现的三大经典柱式

（二）巴洛克式

巴洛克式产生于 17 世纪，其强调线条的流动变化和装饰的繁复精巧。巴洛克式是对文艺复兴式的革新，它具有过多的装饰，有着华美厚重的效果，打破了文艺复兴时期整体的造型形式。它以浪漫主义为基础，将室内雕刻工艺集中在装饰和陈设艺术上。其色彩华丽且用暖色调加以协调，带有一定的夸张性的装饰，显示出室内风格和家具豪华、富丽的特点。这种风格反映了当时积极的艺术思想和浪漫的理想精神（图 1-16）。

▲ 图 1-16　　巴洛克风格的酒店宴会厅

（三）洛可可式

洛可可式产生于公元 17 至 18 世纪，常以贝壳状的曲线、褶皱作为表面设计纹理，绚丽细致。设计常采用不对称手法，多用弧线和

▲ 图 1-17　　洛可可风格的酒店一角

曲线，以贝壳、花鸟、涡卷和山石为主要纹样题材。当时的皇室贵族渴望得到舒适、私密的室内空间并追求典雅、亲切的室内装饰效果，洛可可式装饰风格应运而生（图 1-17）。巴洛克式厚重，而洛可可式则以轻快、纤细、善用曲线著称。其室内设计色彩明快、装饰纤巧，家具的造型和装饰精致复杂，墙面常用粉红、嫩绿和玫瑰红等色，线脚多用金色，还采用了大量中国式装饰和陈设，使室内呈现出华美的效果。

（四）新古典风格

新古典风格以法国路易十六时期和英国乔治时期的风格为代表。古典装饰风格与现代建筑如果在设计上能较完美地统一起来，往往会产生一种绝妙的效果。因为人类对"装饰性"有古老的、与生俱来的感应力和适应性。古典风格与现代建筑的交融、碰撞，往往能创造出优雅而别致的室内环境。如今在西方，采用这种装饰风格的酒店大多是著名的豪华酒店。设计人员的构思跨越时空，既体现了怀旧情调，又有新时代的冲击，其性质已不再是单纯的古典装饰的复兴，而是从复兴走向创新的另一种新时代表现形式（图 1-18）。

▲ 图1-18　美国纽约半岛酒店

二、现代欧式风格

现代欧式风格实际上是继承古典风格中的精华部分并对其加以提炼而成的结果，是取原来风格的主要元素和符号，如柱子、线脚等，并在室内合理应用而达到的效果。其特点是强调古典风格的比例、尺度及构图原理，将复杂的装饰进行简化或抽象化，细部则为精致的装饰（图1-19）。

当然，因材料、工艺不同于古代，这种风格样式在应用过程中也将会有更为明显的简化。

▲ 图1-19　现代欧式酒店大堂

三、中式传统风格

（一）中式传统风格空间设计形式

中式传统风格的酒店有两种设计基调。第一种是以强调中国传统文化和中国特色为主。其中又分两类情况：一类是从室内装修到陈设都严格按照传统风格进行布置，这一类多用于特色套间、风味餐厅与宴会厅；另一类虽然以传统特色为主，但也适当兼顾了时代特征。第二种是以国际流行的装饰形式为主，兼具中国特色。这里的中国特色仅占一小部分，如以中国书画、民间工艺、传统家具和图案纹样来布置酒店室内的某一部分。上述两种设计基调在体现中国传统特色的程度上有所不同，但因为在象征意义上有异曲同工之处，所以均为中式传统风格的体现。

中式传统风格设计手法多种多样，没有固定的格式，最基本的办法是将具有中国传统文化特征的古典形态进行组合或直观强调，或进行提炼、简化、创新等。

中国古典形态分为具象与抽象两种形式。具象的古典形态包括门（垂花门、隔扇门、屏门）、窗（槛窗、支摘窗、推拉窗、漏窗）、隔断（板壁、隔扇）、罩（落地罩、天穹罩、垂花罩、栏杆罩等）、架（又称多宝格）、斗拱、天花（又称仰尘）、藻井（伞盖形顶棚）、宫灯、匾额、楹联、梁枋、彩画、瓦檐、家具、工艺品（字画、雕刻、器皿等）等内容。利用上述古典形态的结构做出的空间布局既是一种结构形式，又有强烈的装饰性。抽象古典形态包括在哲学思想、生活习俗、地域条件、审美情趣影响下的空间观念和空间表现形式等内容，如灵活的空间布局、庭园曲折多变的特点，利用门、窗、洞口借景或组景等形式。分隔的手法则是利用隔扇、屏风、帷幔、珠帘等组织空间，从全隔断、半隔断、透空隔断到灵活隔断、隔而不断等，形式繁多（图1-20）。

▲ 图1-20　乌镇枕河传统中式特色度假酒店

传统装饰的色彩鲜明夺目，多用原色。不论是瓦上的琉璃或木料上的油漆，均具有保护材料的作用。木料由于需要油漆保护因而促使丹青彩画成为中国建筑上的一种重要装饰。彩画主要分布在梁枋，上半部梁枋斗拱部分的木料油漆以青绿色调为主，而下半部梁枋以下和柱头部分则多数采用红色，偶而也采用黑色。顶棚彩画分为藻井和天花两种形式，藻井以木块叠成，结构复杂、色彩艳丽，是顶棚中最为典雅的部分。天花多用蓝色或绿色做底。传统装饰的室内布局以对称形式和均衡的手法为主，间架的配置、图案的构成、家具的陈设以及字画、玩物的摆布都为对称或均衡的形式。也有少数自由式布局，它受道家自然观的影响，追求诗情画意和清奇古雅。

（二）中式传统风格设计类型

根据传统形态的不同，中式传统风格可分为仿古型风格与地方性风格。

1. 中式传统的仿古型风格

中式传统的仿古型风格不是单纯的仿古和复制，它属于再创造的新事物。在建筑的平面组织、结构技术、内外环境等方面，它在借鉴古典形态的基础上进行再创造，以崭新的姿态呈现古代传统风格的特色。如西安唐华宾馆、山东曲阜阙里宾舍、开元拉萨饭店、北京大观园宾馆等的装饰设计都体现了浓郁的传统特色且富有新意。

2. 中式传统的地方性风格

我国地大物博，由于各地的地理环境、文化背景、气候条件等的差异，形成了不同的地方特色。反映到中式传统建筑风格中，则呈现出许多地方性风格特征，大致可分为以下几个体系。

（1）京派

以北京建筑为代表。设计大多采用传统古典的形态，布局对称均衡、四平八稳，气势宏伟、雍容大方。

（2）广派

又称岭南派，以广州为中心。设计往往体现岭南派园林的特色，平面布局自由灵活，注重内部的小花园的构建，建筑形式轻快飘逸、明快开朗，造型多样。

（3）海派

以上海为中心。建筑设计的总体规划十分成熟，重视环境。且从实际出发，材质新颖，技术先进。

（4）山派

主要指山地建筑。建筑依山取势，从立体化角度组织空间环境，汲取民间巧借地形的建筑布局手法，内外渗透，错落有致，变化丰富。

四、新中式风格

新中式风格是在中式风格中融入了一些现代时尚元素而形成的一种独特的装修风格，是对中式风韵的现代演绎（图1-21）。

▲ 图1-21　新中式风格酒店一角

与传统中式风格相比，新中式风格具有以下三个特点。

（一）对文化的传承、简洁的线条、灵动的层次

每一种装修风格都依托于独特的背景文化，传递着人们所追求的一种生活方式。新中式风格不仅传承了传统文化，还与现代理念进行了碰撞与融合，营造出了独具特色的东方美。新中式风格简化了繁杂的装饰，线条十分流畅，以简洁的直线为主。新中式风格反映了中国传统的质朴简单的生活方式，同时也具有强烈的层次感和跳跃感，设计通常采用屏风等家具实现空间的跳跃，同时融入简约风格使得空间整体看上去不会太压抑。

（二）手法上巧用现代元素

新中式风格更多地吸纳并利用了现代元素，如中式沙发、现代茶具等。与现代灯具和灯光设计相结合的墙壁装饰字画和门框设计等，更好地体现出了"留白"的美学观念，使整个空间于传统中透露出现代的气息。

（三）形式上对称、简约、朴素、雅致

新中式风格酒店大多采用中国古典家具，或现代家具与古典家具相结合、中式园林建筑的设计造型及色彩的运用，其空间特点是对称、简约、朴素、雅致。

五、日式风格

日式风格也称为和式风格，推拉门及榻榻米的使用是其主要特征。其在室内设计与布局上受到中国文化的深刻影响，以木结构为基础，造型简洁，主要具有以下几个特点（图1-22）。

①注重传统文化氛围的营造，重视室内空间与周围环境的协调、统一；重视自然环境对人和建筑的影响，注重地方气候，追随大自然的阳光、风和绿色；追求自然、柔和的色彩。

②设计上采用清晰的线条，造型具有强烈的几何美感；注重装饰功能和表现材料本身的质感；具有高标准的木工制作水平。

▲ 图1-22　京都四季酒店

六、现代主义风格

现代主义风格是当下较流行的风格，它追求时尚和潮流，以造型简洁新颖、实用为目的，注重室内空间的合理布局及其与使用功能的完美结合。其没有过多的复杂造型和装饰，不追求豪华、高档与绝对的个性，但重视家具的选用及色彩的搭配。现代派设计大师赖特提倡，室内设计应与建筑设计协调一致，不仅要满足现代生活的需要，而且也要强调艺术性，建筑形象和室内环境要具有时代感。

现代主义风格始于欧洲工业革命。现代主义流派的主要特点是以理性的法则强调功能因素，强调使用功能以及造型的单纯，提出"少就是多"的观点，显示工业技术成就。受这种思潮影响的平淡派设计风格曾在墨西哥、美国、日本等国盛行，在西欧一些国家也有发展。

平淡派注重空间的分隔和联系，重视材料的本色和质感，反对功能以外的纯视觉装饰，色彩运用强调淡雅、清新和统一，认为装饰是多余的，摒弃了繁复的装饰和手工艺制品，如杭州的曲水兰亭度假酒店（图1-23、图1-24）。酒店整体建筑风格极具现代几何美，空间设计呈现"光"与"水"交融的主题和特点，探索了人与自然的关系，为大众带来"在美术馆里泡汤"的绝佳体验。

▲ 图1-23　杭州曲水兰亭酒店大堂（一）　　　▲ 图1-24　杭州曲水兰亭酒店大堂（二）

这类设计风格曾被称为"功能主义"，也被称为"国际流行式"。自20世纪70年代以后，随着旅游业的发展，人们开始感到现代主义设计过于简洁，缺少商业气氛，于是现代主义手法从单一的简洁又发展到了多元并存的简洁，这种设计思潮至今仍有一定的影响。但随着社会生活的进步，人们开始厌倦模式化、简单化的形态，后现代主义的出现使人们对现代建筑装饰又有了新的认识。

简约风格是现代主义建筑和室内设计的主流风格之一，是一种符合审美规律的艺术简化，追求的是简洁的视觉效果。它主张设计突出功能、强调自然、形式简洁。在设计时奉行删繁就简的原则，减少不必要的装饰，其色彩的凝练和造型的力度也是密斯·凡德罗"少就是多"思想更高层次的体现。简洁需克服现代主义单调乏味、缺少人情味的缺点，追求丰富、多层次和多方位的表现，但丰富的表现并不是无意义的堆砌，而是经过提炼后符合时代精神的简洁形象（图1-25）。

简洁与丰富是共存的，简洁是现代社会装饰风格的特点和发展趋向，具有丰富的内涵。

▲ 图1-25 方塘酒店客房

七、多元风格

多元化带来了设计风格和设计手法的多样性，让各种流派共同存在，感性认识和理性认识的协调将成为新的设计趋势（图1-26）。多元风格的特点具体表现在以下几方面。

（一）强调功能的科学性与整体性

现代酒店的设计并不局限于某一种风格，追求特色和意境。有的将古典的传统造型式样用新的手法加以组

▲ 图1-26 多元风格酒店客房

合，有的将传统室内造型式样与现代式样结合。无论哪种风格，只要具有一定的品位和文化内涵，都可以是优秀的作品。

（二）设计要有不同风格

设计作品应体现自然、社会和人文精神，应实用且有意境。作品会因个性差异的存在形成丰富多彩的艺术风格。

（三）大力发展酒店室内绿色设计

在森林城市、山水城市实现之前，花园餐厅、绿丛中的卧室等也将很快出现在我们周围的现实生活中。社会在不断进步，酒店设计风格也随之不断演变，任何流派、思潮或创新意识或许都不能满于所有时代的需求。在实践中，酒店装饰艺术不应停留在已有的成功模式上，而应不停地继续探索和追求。

第二章

酒店空间设计要点与方法

| 本章概述 |

　　本章对酒店公共空间设计、客房空间设计、软装饰设计、照明设计及主题性设计进行了系统分析，同时从酒店设计原则出发，梳理了酒店设计的具体流程与方法。帮助学生深入了解酒店空间设计与实践应用。

| 目标导航 |

　　1. 知识目标：了解酒店各空间的设计思维与方法，提升对酒店设计的欣赏与分析能力。

　　2. 能力目标：能够结合所掌握的设计知识对空间进行合理表达；能够自主建构设计框架；学会不同类型酒店的设计方法，理论结合实践。

　　3. 素质目标：培育学生的自主创新意识；树立开拓进取精神；增强学生的责任意识。

第一节　酒店公共空间设计

一、酒店的功能分区

（一）酒店空间规划

酒店的规划设计是一门科学，它以建筑学为主线，融合了装饰学、美学、机电学、心理学、经营管理学等方面的知识，这些知识互相联系。一个完美的酒店设计是该酒店正常运营的先天条件，也是确保酒店经营成功的必要条件。俗话说"好效益源于好设计"，一个酒店拥有完善的总体规划设计，会让经营管理达到一个事半功倍的效果，反之，则是事倍功半。因此，酒店规划设计与经营息息相关，一旦设计不当，势必造成酒店空间上的浪费、运营中的麻烦、管理上的疏漏、人力和能源上的损耗，会给客人带来不方便和不舒适，从而影响经济效益。

酒店内部的功能分区大致为前厅、大堂、办公、餐饮、娱乐、康体、客房、后场等，在设计时应围绕各区域关系来规划和设计。各区域的关系要能相互关联和衔接，以便管理和服务。

国家发布的《旅游饭店星级的划分与评定》这一文件在酒店功能项目中规定了必备的项目设置，即在规划中除满足必备的功能项目设置外，可根据酒店的类型定位、规模档次、选址、经营侧重点等情况来增加需要的项目，依据酒店相关面积指标来规划和确定各功能区域的面积，并根据酒店的档次来确定有收益面积和无收益面积的比率。高星级酒店可适当增加无收益面积，低星级酒店可减少无收益面积。在规划设计中，功能区域和流线规划要同时进行，做到主流线清晰，不受干扰，次流线隐蔽，方便服务。

（二）酒店功能区域面积划分

不同的酒店大堂，功能项目有所不同。酒店大堂内各功能区域面积没有固定的标准，酒店应根据自身特色酌情规划功能区域的面积。

酒店的类型、规模、等级、经营项目不同，使得酒店各功能分区的面积（各分区的面积指标）不同，但总体规律是客房的总面积随酒店等级的降低而增高，反之则降低。公共面积随等级的降低而降低，反之则增高。如经济型酒店的客房面积占酒店总面积的80%左右，中等档次酒店的客房面积占酒店总面积的65%左右，高档酒店的客房面积则占酒店总面积的50%左右，民宿的各功能区的面积配比则根据民宿的特色的不同自由地规划。不同类型的酒店，各功能项目的面积指标有所不同，如会议型、旅游度假型、娱乐型酒店的面积比例会有所不同。国家对酒店综合面积指标有相应的评定标准，即平均每间客房的建筑面积不小于150平方米、120平方米、100平方米、80平方米，分别为5、4、2、1分。综合面积指标越大，得分越高。酒店主要是为宾客提供住宿服务的场所，因此不管是什么类型和档次的酒店，客房都是经营主体。从规模效应来看，城市酒店的最优客房数量为300间左右，以平均每间客房35平方米计算，需要约为10500平方米，公共经营区面积约为客房总面积的50%，为5250平方米，其他设施、设备等占用的面积约为5000平方米，这样就形成了2∶1∶1的比例关系。另外，酒店客房面积和综合面积指标的制约因素有很多，因此，在设计规划时要综合考虑。

酒店公共区的面积需要依据实际运营情况认真计算出来，计算结果要对酒店成本的合理性负责，对投资人的利益负责，要保证功能的合理和效果的完整。表2-1是根据酒店客房总数推算出的公用设施面积的参考标准（参照欧洲酒店标准）。

表2-1　根据酒店客房总数计算公用设施面积

经营区域	可延伸的，大型	中型	小型
大堂	1.0 ~ 1.2 平方米	0.8 ~ 1.0 平方米	0.4 ~ 0.8 平方米
餐厅、咖啡厅	1.4 ~ 1.8 位	0.8 ~ 1.2 位	小于 0.6 位
酒廊 / 酒吧	0.8 ~ 1.0 位	0.6 ~ 0.8 位	小于 0.4 位
多功能厅	3.0 ~ 4.0 位	1.0 ~ 2.0 位	小于 1 位
会议室			
行政及后勤区域	低（1）平方米	一般（2）平方米	高（3）平方米
行政			
前区办公室	0.2	0.4	0.4
其他办公室	0.3	0.6	0.9
厨房及库房	1.0	1.5	2.0
洗衣房	0.6	0.8	0.9
仓库	0.4	0.5	0.6
储藏间	0.5	0.7	0.8
员工区	0.6	1.0	1.2
工程区	1.0	1.8	2.3
系数	×15%	×20%	×25%

注：①经济型酒店可能进一步减少；②500间客房以上的酒店将适当减少；③根据公用设施功能及其繁琐程度增加面积。

二、酒店入口区域

（一）酒店入口设计

宾客到达酒店后，首先看到的就是酒店的入口，酒店主入口构成酒店的主要特征，因而

其外观显得尤为重要。入口对于酒店
来讲不仅仅是出入的通道，更是室内
与室外的过渡空间，由大门、门洞、
台阶、引道、入口广场以及在这个范
围内的其他因素（比如铺地、绿化、
栏杆、水景、雕塑等等）共同组成。
图2-1为东莞星汇万枫酒店入口。

▲ 图2-1　东莞星汇万枫酒店入口

　　酒店的入口设计必须与建筑性质
和风格相符，还应满足建筑物的功能
需求，比如交通功能、引导功能、文
化功能、标志功能等，而且要与周围
的环境相互协调。

　　入口设计应与人的行为密切相关，对人的行为起引导作用，要满足人们进出时的各种行
为的需要，考虑到人们在入口空间时的生理和心理的感受。

　　入口设计还应有效地组织各种不同的人流，避免宾客流线与服务流线相互干扰，提高
酒店的管理效率。所以酒店不仅要有主入口，还要有几个次入口，比如套房入口、宴会厅入
口、会议厅入口、休闲区入口、员工及后勤人员入口等。

（二）酒店大门设计

　　不同类型的宾客在大堂的活动不同，在规划设计时要考虑入口和大门的数量和位置。大
门的数量取决于酒店的档次和面积，正门通常设置在大堂的中间位置，是散客和主要宾客的
入口。可为团队宾客设置专门的团队入口，可为在本地用餐和娱乐消费的宾客设置专门进入
餐厅或娱乐场所的入口。临街的餐厅、商店可单独开设大门，但要与正门保持一定距离。酒
店大门是宾客进入酒店的主入口，也是酒店内部与外部空间的分界。

　　大门要能保证一定数量人员的正常通行，并与整个酒店建筑空间保持协调合理的比例关
系和视觉关系。酒店大门的色彩、材质、造型等要素要与酒店建筑的整体风格保持一致。大
门入口应能完全满足出入要求，在频繁地使用后仍保持良好的状态，同时也应该满足安全和
紧急逃生的需要。

　　大门通常有三种形式，即平开手推门、红外线自动感应门、自动旋转门。

　　平开手推门和红外线自动感应门必须保证人在双手携带行李以及行李车时能正常通过。
单人通过的大门尺寸应大于1.3米，侧门的宽度应为1.0～1.8米。为了降低空调能耗，可
采用双道门的组合方式，双道门的门厅深度要保证门扇开启后不影响客人行走和残疾人轮椅
的正常通行，门扇开启后应留有不小于1.2米且可以让轮椅正常通行的距离，通常深度不小
于2.44米。

　　旋转门的规格很多，不同厂家的规格不尽相同，要考虑旋转门与建筑的协调性及和大堂
空间的呼应。空间过小时，不宜设旋转门。旋转门不仅能确保携带众多行李的客人安全、迅
速地通过，还能及时阻挡热浪或寒流。中国北方室内外温差较大的冬夏两季，酒店大门区域

如装有能时刻阻隔室内外空气产生对流效应的旋转门，那么节约下来的采暖或制冷的电量是十分可观的。自动旋转门让室内空间处于封闭状态，将室外的汽车废气、灰尘及噪声隔绝在外面，这是其他类型的门无法做到的。若要创造良好的环境，自动旋转门不可或缺。

三、酒店大堂设计

（一）酒店大堂的重要作用

在酒店的公共空间中，大堂是酒店功能结构中最重要和复杂的部分，其布局和风格能给客人留下最深刻的印象，是酒店空间体系的核心。大堂是酒店的中心和门面，是酒店文化的展示窗口，是让客人产生对酒店的第一印象的空间，代表酒店的整体形象。大堂空间通常是指以大堂为中心，结合门厅、前台接待、中庭、休息区、大堂酒吧以及零售场所等公共设施所组成的综合空间。大堂是酒店的"交通枢纽"，是宾客进出酒店的主要场所。从酒店管理的角度来看，大堂是控制中心，工作人员可以从这里观察和处理酒店的基本事务。图2-2为无锡太湖华邑酒店大堂。

▲ 图2-2 无锡太湖华邑酒店大堂

大堂是酒店为客人提供服务项目最多的地方，如办理入住和离店手续服务、财务结算和兑换外币服务、行李接送服务、问讯和留言服务、预定和安排出租车服务、贵重物品保管和行李寄存服务，以及客人需要的其他服务。所以大堂的布局一定要精心设计。大堂的设计风格代表了酒店的整体设计方向（图2-3）。

大堂的设计要平衡两个要素，即视觉效果和实用性。酒店大堂的浮雕、挂画之类的艺术品、装饰品等应与酒店文化、装饰设计风格一致，格调、色调应协调统一，起到营造氛围、提升艺术感染力的作用，且应有光源配合，并设置必要的说明文字。大堂植物应体量适宜、美观、摆放位置合理。四、五星级酒店应使用高档盆具或对盆具进行艺术装饰。

（二）酒店大堂的面积规划

酒店大堂的面积大小应依据酒店的类型、星级和规模确定，应与客房数相适应。大堂面积通常用单项综合面积指标来衡量，即大堂面积与客房数之比。设计时应注意：大堂面

▲ 图2-3 兼具视觉效果和实用性的东莞洲际酒店大堂

积应满足酒店的功能需要，合理规划。大堂空间高度应与面积比例协调，舒适度高。

　　大门、总服务台、电梯构成大堂最基本的布局，应尽量避免服务流线、物品流线与宾客流线相互交叉。宾客通往饭店各功能区域的通道和空间应畅通无阻，强化引导功能；总服务台、大堂副理台及宾客休息区置于合理的位置，为宾客保留足够的活动空间（图2-4）。

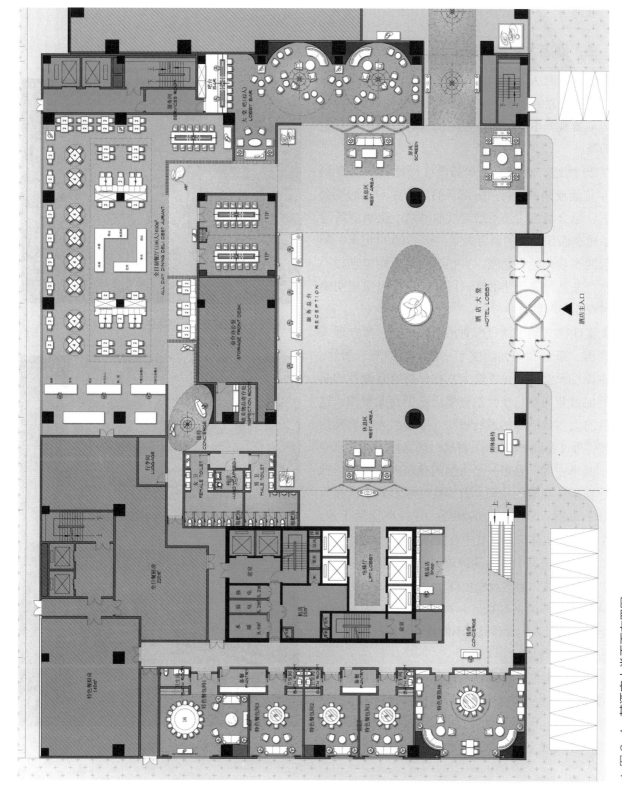

▲ 图2-4 某酒店大堂平面布置图

大堂的各项接待、服务功能的分区和所需要的面积要根据酒店的类型、规模和档次定位精准选定、计算。酒店规模越大，档次越高，其总面积越大，单项面积综合指标就越高。可参见《旅游饭店星级的划分与评定》与《设施设备及服务项目评分》中对大堂的评分标准。规划时应根据自身实际情况选择合理的单项综合面积指标，不必刻意追求宽敞，但也不可过小。

（三）酒店大堂的中庭

中庭是将酒店大堂室内环境室外化的多功能共享空间。通透采光的顶棚，高大宽敞、豪华气派的空间，上下运动的观光电梯，熙熙攘攘的人群营造了富有生气的场景。

在 20 世纪，酒店的大堂都设计得比较小，直到 1976 年佐治亚州的亚特兰大海亚酒店开业，不论是会议酒店、综合酒店，还是旅游度假酒店、机场酒店等都开始建造面积较大的酒店大堂。到了 20 世纪末，随着酒店的专业化越来越强，有些酒店又开始追求较小的大堂，尤其是超豪华酒店。因此，设计时应先明确大堂的规模和形象。

▲ 图 2-5　三藩市凯悦酒店中庭

大堂往往是整个酒店所有活动的中心，集办理入住、离店、聚会和等候功能于一体。将酒吧、餐厅、零售店设在大堂内，可以使大堂在保持原有面积的基础上增加营业内容，让大堂充满活跃的商业氛围，这也是目前大多数酒店的通行做法。亚特兰大建筑师约翰·波特曼（John Portman）将这一理念称为"共享空间"。"共享空间"是以一个大型的建筑内部空间为核心且综合多种功能的空间。共享空间在形式上大多具有穿插、渗透、复杂变化的特点，往往高达数十米，是一个室内的主体广场，其中有立体绿化区、休息岛、酒吧饮料区、垂直上下运动的透明电梯、纵横交错的天桥、喷泉水池、雕塑及彩色灯光等，令人应接不暇。各区域的人们都能同时欣赏到大厅的景致，大厅的基本功能是为满足人们对环境的不同要求并促进人们彼此之间的交往而设计的（图 2-5）。

在北京三里屯的瑜舍酒店（图 2-6）的大堂中，巨型帷幔垂在高耸的中庭半空，营造出具有戏剧感的背景效果。随处可见优雅的工艺、简洁的线条和轮廓，自然光洒在流线空间的每一个角落。日本设计师隈研

▲ 图 2-6　北京瑜舍酒店中庭

吾将他的极简美学与传统中式风格融合在一起，浓烈的时代气息和无限舒展的空间设计让人耳目一新。酒店中庭是能够直观而集中地输出和传播文化概念的地带，他将其布置得十分巧妙，有几件中国当代艺术家的作品散落在各个角落。许多年来，酒店一直坚持每个季度都要更换大堂的艺术品，承载着艺术家思想的作品让酒店熠熠生辉，也成为酒店展现艺术与设计概念的来源。

（四）酒店大堂的功能规划

大堂在规划上的要求是相似的，除了展示酒店形象以外，大厅还是主要的人流区，起到指引宾客去前台、电梯厅、餐饮区、康体区、娱乐场所、客房等空间的作用。同时，这里也是非正式的聚集地和酒店的安全控制区，酒店的员工可以通过这里观察、监督通往酒店的各个通道是否通畅。(图2-7)

大堂的规划项目包括以下几个方面。

1. 总服务台

总服务台是酒店的中心应设置在门厅正对面或侧面的醒目位置，不阻碍宾客的视线，便于宾客识别。总服务台长度及区域空间大小应与酒店星级高低和客房数量相匹配。总服务台的工作内容包括信息

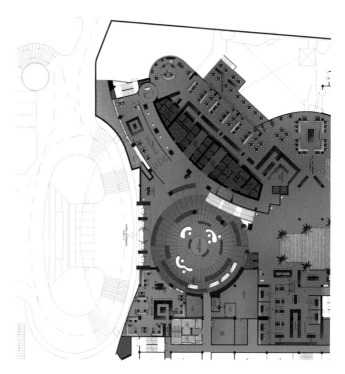

▲ 图2-7　某酒店大堂平面布置图

咨询、收银结算、外币兑换、接待服务、物品保管等，有站式服务和坐式服务两种形式，无论采用哪种形式，其空间尺度必须以方便宾客和服务人员之间的交流为前提。站式服务台的柜台结构由三部分组成，即客人登记处、工作服务书写处、设备的摆放处（图2-8）。

总服务台设计通常应考虑三个因素。

其一是总服务台的外观。服务台的形状可根据大堂的建筑结构有所调整，采用曲直相结合的办法，有的为直线形，有的为半圆形，有的则设计成"L"形或"S"形等。宾客登记高度应在 1.05 ~ 1.22 米，宽度应为 0.4 ~ 0.6 米。工作服务书写高度常规应为 0.9 米，宽度不小于 0.3 米。工作服务的台面应放置电话、电脑、打印机、验钞机、磁卡机等设备，立面安装储物柜、抽屉等收纳办公物品。设备安置尺寸应根据实际情况、安装和操作方式来决定。

其二是总服务台的大小。总服务台的大小是由酒店接待人数、总服务台服务项目和计算机的应用水平等因素决定的。酒店的规模越大，接待人数和服务项目越多，则总服务台的面

积越大；反之，则面积越小。总服务台是大堂活动的焦点，要设置在从入口进到大堂时一眼就能看到的地方，长度与酒店的类型、规模、客源市场定位有关，一般为 8～12 米。大型酒店可设为 16 米，两端不宜封闭，应留一个活动的出入口，便于前台人员随时为客人提供个性化的服务。

其三是总服务台的布局。服务台的规划设计要满足使用要求，操作方便，符合人体工程学的要求。坐式服务台除需具备站式服务台的功能外，还要增加宾客在办理手续时的座椅，并留有一定的空间，因此其占用的面积要大一些。

从大门到总服务台的距离应小于总服务台到电梯厅的距离，总服务台的功能设置应按照接待、咨询、登记、收银、外币兑换等工作流程排序，其设备设施要满足工作人员的需要，尽量减少不必要的操作流程，提高工作效率，降低工作强度。

总服务台后面要有办公室，供前厅部人员办公使用，销售部最好也设在这里，以便处理业务。面积以 50～100 平方米为宜。大堂经理的位置应设在可以看到大门、总服务台和客用电梯厅的地方。

▲ 图 2-8　东莞星汇万枫酒店总服务台

2. 大堂副理

大堂副理的位置应设在可以看见主出入口和前台的地方，便于为客人解决问题。要有一台电脑并与前台电脑联网。大堂副理区域主要由一个大班椅、两个宾客座椅、台灯或落地灯、块毯、花艺等组成，约占面积为 6～12 平方米。大堂副理区域应该设置在相对安静和醒目的角落，其位置应该既能全面观察到整个大堂的状况，又不影响大堂的正常活动。位置不宜太靠近总服务台和休息区，避免影响总服务台的正常工作和对宾客造成心理压力。

3. 礼宾服务

礼宾服务空间包括礼宾台、行李车、雨伞储存架、行李寄存间等。礼宾台区域约占 6～10 平方米，行李寄存间面积以每间客房 0.05～0.06 平方米计算。礼宾服务是酒店接待宾客的第一环节。礼宾台应设置在大门内侧边，便于及时提供服务，行李寄存间通常设置在礼宾台附近。

4. 贵重物品保管室

贵重物品保管室隶属于大堂总服务台，保管室面积和设施配置应根据酒店客房的数量来确定，国家标准规定了三星级以上的酒店必须设置贵重物品保管室，贵重物品保管室一般分设两个门，分别用于工作人员和宾客进出。室内分成两部分，类似银行的柜台。宾客入口应尽量隐蔽，应将安全监控录像安装到位。

5. 大堂办公室

大堂办公室主要是大堂经理、前台服务等工作人员的办公室。大堂办公室面积可以按照每 50 间客房 6 ~ 8 平方米来计算，超过 600 间客房的按照每 50 间客房为 5 ~ 7 平方米进行计算。大堂办公室应设在靠近总服务台的地方。

6. 休息区

休息区是让客人休息、等候或交谈的空间，休息区也是大堂中另外一个主要的功能部分，一般设在主入口处、总服务台、主要通道的附近，由沙发、茶几、台灯、花艺、艺术品等组成，除了具有休息功能外，还兼具观赏功能，以赢得宾客的好感。休息区的设置既可以丰富大堂空间的层次，又可以让大堂充满情调。休息区的布局非常灵活，可设置一组到四组沙发，配以小型绿植、灯饰等，组成一个独立的空间。也可以在天花板和地面上做些处理，使其形成独立空间。如图 2-9 为迪拜 Rove Downtown 酒店大厅休息区的有民族风情纹样的抱枕和五彩的沙发凳，再加上轻柔的帷幔、整墙的现代艺术作品，轻松营造出了友好的氛围。这里也有不少值得留意的手工艺品，比如花瓶和针织地毯。有的客人会好奇为何在墙上挂着一辆自行车，这其实也是迪拜真正的市民文化的一部分，那些穿梭于城市的快递员骑的正是这辆小车。

▲ 图 2-9　迪拜 Rove Downtown 酒店

宾客休息区起到疏导、调节大堂人流的作用，其面积约占大堂的 8%。档次较高的酒店，宾客休息区可分为若干组，分别置于不同的位置，每组面积为 10 ~ 15 平方米不等。宾客休息区通常设在不受干扰的区域，不宜太靠近总服务台和大堂副理的区域，这样可以维护宾客的隐私。休息区是免费使用的，从经营角度考虑，休息区可以设置在大堂吧、酒吧、咖啡厅等商业经营区域附近，起到引导宾客消费的作用。

7. 大堂吧

大堂吧为大堂内的消费区，是为宾客提供酒水等服务的开放式休闲空间，位于酒店大堂公共区域，客人可以在这里休憩、等候、会客、闲谈、举办商务和会务活动等。大堂吧是大堂环境中的活跃空间，布局手法丰富多样，一般要求做到座位舒适、光线柔和。有时为了营造轻松浪漫的氛围，可以摆放钢琴、绿化、景观小品、艺术品等。

8. 零售区、精品商店

零售区、精品商店是为方便宾客生活而配置的附属性服务功能，是高星级酒店必须具备的功能空间，宜设在宾客易于找到的位置，与大堂保持密切的联系，便于宾客消费。如可设置在饭店一层或二层人流较多的地方，不宜设置在前厅显著的位置。商品部的设计风格应与饭店整体规模相协调，与饭店风格相统一，体现地域特色，装修精美、明码实价、服务良好。商品部除了会售卖报纸、日用品、药品等商品外，还会根据酒店的自身特点以及顾客需要售卖不同的商品，比如游泳衣、防晒霜、户外用品、工艺品、旅游纪念品、地方特色商品等。此外，一些高档酒店还会设置品牌店和专卖店等。

9. 商务中心

在商客云集、会议频繁的五星级豪华酒店，商务中心是必不可少的重要部门之一，其为宾客提供简单的服务，如复印、传真、简单的会场布置等。

商务中心提供重要的服务功能，一般应设置在酒店的主要营业区域，位置应易于寻找，有明显的标志；应按照星级的标准配备相应的办公设备；应有供宾客使用的可连接互联网的电脑；应使区域相对分隔，保护宾客的隐私；完备的商务中心应提供传真、复印、国际长途电话、打字等服务，同时还能承担设备出租、会议室出租、托运等大量辅助性工作。所有营业时间、服务项目及收费标准应明示。

10. 客梯

客梯（图 2-11）要设在前台及主入口的附近位置，它是酒店内、大堂外的另一主要"交通枢纽"。电梯厅的面积大小对宾客的活动影响很大，电梯厅的尺度要符合相关国家规定。电梯厅应尽量设置在由大门到总服务台间的区域，既便于服务人员的引导，也符合人的心理，同时缩短宾客防范的距离。客梯到总服务台和大门之间应无台阶等障碍物，电梯厅的空间不能与大堂的主要人流通道一致或交叉。员工通道和员工电梯厅的入口应设置在建筑物的边侧和地下室，不能与宾客通道和流线发生任何冲突。酒店客梯的数量与规模由酒店的规模和档次而定，人流较集中的会议厅、宴会厅需要另外设置电梯，通常套房也要有专门的电梯。

电梯由大量机械构件和电子、电气、大规模集成电路组成的微型计算机系统及声、光控制部件组成。酒店电梯是酒店档次和服务水平的体现。酒店客梯的数量与酒店服务档次有

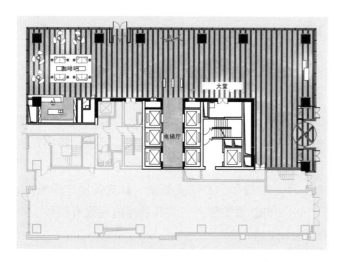

▲ 图 2-10 某酒店大堂电梯厅设计

▲ 图 2-11 某酒店客梯厅

▲ 图 2-12 某酒店客梯内部

关，高星级酒店宾客平均候梯时间在30秒以内，中、低星级酒店在40秒以内。电梯轿厢（图2-12）的规格应根据酒店的档次进行选用。轿厢上下运行中与到达时应有清晰的显示和报层音响，应具备停电后能实现自动平层的功能，启动、停止时应无失重感，应具备监控接口，轿厢有与外界联系的对讲功能，轿厢关闭后应保持空气清新、温度适宜、照明良好。

11. 其他服务区

行李寄存、衣帽间、电话间、经理助理办公室等应设在前台附近。

四、酒店餐饮空间设计

（一）酒店中的餐饮空间

餐饮是酒店的重要功能之一，是酒店能否正常运转的一个重要标志。现代酒店餐饮为增加营业收入，其服务对象不仅包括酒店的住宿旅客，同时也对非住宿的宾客开放，特别是酒店餐饮区中的中餐厅和宴会厅部分。

酒店中的餐厅（图 2-13）一般分为宴会厅、中餐厅、酒吧或茶室、日式餐厅、西餐厅、雅座包厢等，除正餐外，还增设早晚茶、小吃、自助餐等服务。某些餐厅内还设有钢琴、小型乐队、歌舞表演台，以供顾客用餐时欣赏。

▲ 图 2-13　芬兰北极树屋酒店餐厅

（二）酒店餐饮空间设计

在设计平面布局时，首先需了解各餐饮空间的运营和功能组成及每部分的空间和界面要求，其次需要梳理各功能空间之间的动线流动、空间划分和界面过渡，最后对人流、物流与信息流进行进一步梳理。

餐饮空间的流线设计还要考虑顾客动线和人流服务动线的分流，二者不能互相影响。另外还要考虑餐厅和厨房后场的分区、从入口到餐位的流线和时间的长短、服务员的站位和流线、顾客和服务员的紧急疏散等。厨房后场的空间划分、布置和工作流程，后场和餐厅的连接等都需要推敲。

1. 中餐厅

中餐厅是体现酒店餐饮服务功能的主要设施，也是在餐饮面积中占比最高的部分。星级酒店配置的中餐厅可以做广东菜、四川菜、上海菜（江浙一带）、山东菜、湖南菜等，不同菜式有不同的风格。餐厅面积要结合酒店的实际情况及规模进行规划，设计时首先应确定中餐厅的规模和定位，通常五星级商务酒店的中餐厅（图2-14、图2-15）的规模按每间客户1.1座、每座位1.8平方米进行设置，在做方案设计时基本上可以按每间客房2平方米进行设计，可根据每个酒店的特色、规模等因素适当调整。

▲ 图2-14　北京世园凯悦酒店中餐厅散座区

▲ 图2-15　北京世园凯悦酒店中餐贵宾室

中餐厅的设计应关注以下问题。

①宾客进出餐饮区域的通道设置应合理，进入就餐区的行走路线不宜过长。

②中餐厅应设置零点区域，应有分区设计，酒水台、收银台应做到位置合理、格调高雅、设施完备；中餐厅餐座数量应与饭店经营需要相适应，各型餐桌的组合应科学、间距适宜，餐座空间应舒适。公共卫生间不应设置于餐区内。应高度关注厨房与餐厅的位置关系，二者应尽可能设置在同一楼层；传菜与收残线路设置应做到科学，出菜口与餐区的传菜距离一般不超过40米；厨房应有专用库房和垃圾收集设备。应依据菜系与服务特色确定中餐厅的装修、装饰方案，营造浓郁的氛围和高雅的就餐环境。

2. 全日餐厅

全日餐厅是为宾客提供早餐、中餐及晚餐服务的餐饮设施，一般从早上6点到晚上9点营业，通常布置在酒店的首层或二层，在服务于住宿宾客的同时，也有利于对外营业。

全日餐厅（图2-16）里，中、西餐都有，主要提供自助餐服务，就餐座位数为总床位数的35%左右，可根据酒店的位置、定位适当调节，每个座位面积应控制在2.0～2.2平方米。

冷热自助餐台是全日餐厅中最重要的组成部分，自助餐台一般采用分区布置，如西式区域、甜品区域、中式区域等。全日餐厅的厨房为敞开式厨房，因此厨房必须和餐厅相邻。

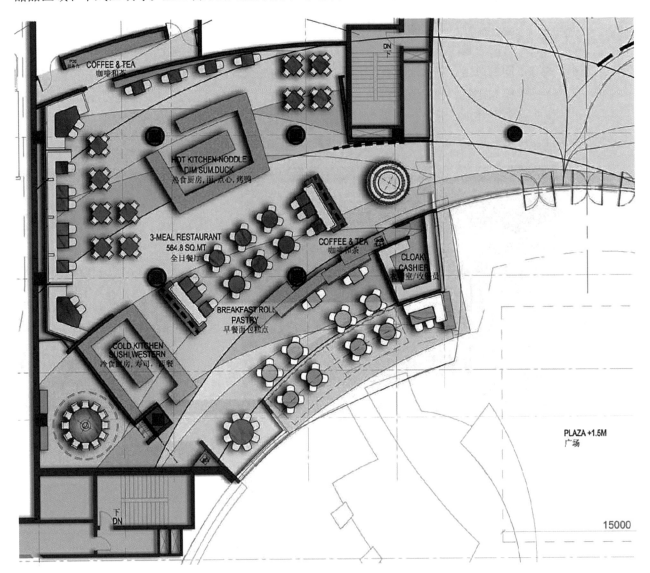

▲ 图 2-16　某酒店全日餐厅平面图

3. 酒吧或茶室

①酒吧是指以吧台为中心的、以提供酒水服务为主的经营场所，包括酒廊、封闭式酒吧等类型。酒吧设计要求体现某种意境或主题，色彩通常浓郁深沉，照明采用团装组合方式，音乐浪漫悠长，追求轻松、个性、具有私密性的环境氛围。

酒店的酒吧设计和酒店的咖啡厅设计类似，酒吧可以单独设置也可以和酒店大堂吧结合起来设置（图 2-17）。雷克雅未克 EDITION 酒店 Tölt 酒吧分散在三个隐秘的角落里，丰富多彩的定制几何图形地毯，以及围绕着壁炉的传统橘色长椅、马鬃坐垫和柚木鼓墙，让人感到舒适和惬意。

▲ 图 2-17 雷克雅未克 EDITION 酒店 Tölt 酒吧

▲ 图 2-18 福建悦武夷·茶生活美学酒店

②茶室以品茗为主，供餐，不专门供酒，讲究陈设雅致，文化氛围突出，注重营造舒适、悠闲、放松、惬意的生活空间（图 2-18）。福建悦武夷·茶生活美学酒店茶室空间中大面积的木质材料和玻璃幕墙展现了禅意与现代气息，花艺的设计是空间中的点睛之笔。

4. 宴会厅（多功能厅）

宴会厅常为满足节日庆典活动和婚宴的需要，由单位或个人预订后使用，设计时应考虑举行仪式时宾主席位的安排，面积较大的餐厅和各个餐厅之间常利用灵活的隔断，可开可闭，以适应不同的需求，常名为多功能厅，可举办各种规模的宴会、冷餐会会、国际会议、时装表演、商品展览会、新闻发布会、产品展示会、中小型文艺演出、音乐会、舞会等各种活动，成为酒店餐饮区设计的重中之重。宴会厅（多功能厅）与一般餐厅不同，常分宾主，讲礼仪，重布置，注重营造气氛，一切都能有序进行。因此，室内空间常为对称的布局，有利于布置和装饰物品，营造庄严隆重的气氛。宴会厅在宴会前，还应保证来宾聚集、交往、休息和逗留都有足够的活动空间。因此，在设计和装饰时要考虑的因素有很多，如舞台、音响、活动展板的设置、主席台、观众席位的布置，以及相应的服务房间、休息室的布置等。照明要有多种功能，以满足不同使用方式的特殊照明需要，并可以调光。酒店应设置照明调控室（图 2-19）。

▲ 图 2-19 北京三里屯通盈中心洲际酒店宴会厅

宴会厅包括宴会大厅、门厅、衣帽间、贵宾室、音像控制室、家具储藏室、公共卫生间、厨房等。其设计应遵循以下几个基本原则。图 2-20 为某酒店宴会厅平面图。

①五星级酒店的大宴会厅的面积通常都不小于 40 米 ×24 米（可布置 60 个标准桌），净高通常在 6 米以上。

②宴会厅要设前厅。所谓前厅是指设在宴会大厅之外的过渡空间，一般应紧邻玻璃窗户，有良好的自然采光，以便来宾能同时欣赏窗外景观。为满足宾客流动、休息、活动的要求，其理想面积应为宴会厅面积的 1/3 左右（以站立的人所占用的面积是坐着的人的 1/3 左右的数据为参考）。

③贵宾室大小可根据所接待的规格而定，其位置应紧邻大厅主席台，并设置直接通往主席台的专门通道，贵宾室应设置高档家具和专用洗手间。

④宴会厅和厨房、储藏间的服务动线必须与客人动线完全分离。

⑤宴会厅要有单独的出入口，且与酒店住宿宾客的出入口分离，并相隔适当的距离。内部流线应避免与服务流线交叉。宴会大厅的出入口应设双道门，净宽不小于 1.4 米，门应朝疏散方向开启。为满足疏散人流的功能，设置垂直专用客梯是非常必要的。

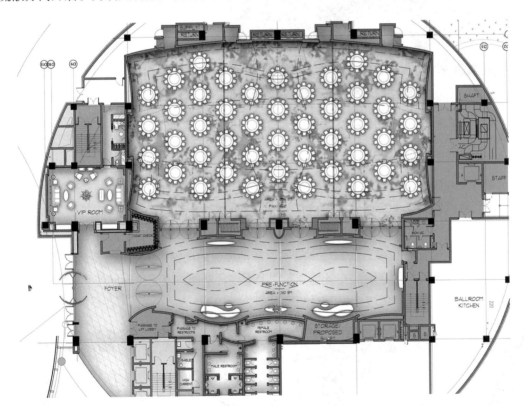

▲ 图 2-20 某酒店宴会厅平面图

5. 外国餐厅或风味餐厅

外国特色餐厅指以国外特色菜品为主要经营内容的餐厅，如日本料理、巴西烤肉、韩国烤肉等。各个国家都有自己的餐饮文化，每个国家的菜式也不尽相同，因此外国餐厅装修时，一定要考虑不同国家的当地风俗、饮食习惯等。图 2-21 所示为东京 Sorano 酒店餐厅。

▲ 图 2-21　东京 Sorano 酒店餐厅

　　Moxy Chelsea 酒店的意大利餐厅 Feroce（图 2-22），在嵌入式百叶窗的墙壁上，用一个类似陶土材质的桶形拱顶天花板和精致的几何灯具，让客人仿佛穿越回了 20 世纪初的米兰和罗马。

　　风味餐厅是指提供与中餐厅不同的风味菜品的餐厅，通常以某一地区、某一民族的风味或某种独特的原材料、某种特色烹饪方法与就餐特色为经营内容，如藏餐厅、火锅餐厅、特色面馆等。

▲ 图 2-22　Moxy Chelsea 酒店意大利餐厅 Feroce

　　五星级酒店应根据市场定位、地域特点及经营需要，在上述餐厅类型中灵活选择。但无论是西餐厅（外国特色餐厅）还是风味餐厅，均应做到形质兼备、特色鲜明、做工精致、清洁卫生、服务一流，且必须根据餐厅类型配置专用厨房（图 2-23）。

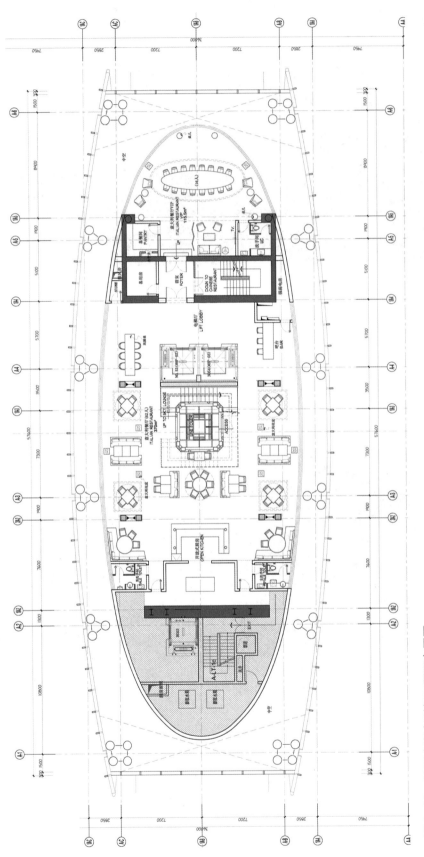

▲ 图2-23 某酒店意大利餐厅平面布置图

五、酒店公共卫生间设计

（一）酒店中的卫生间

卫生间是给人提供"方便"的地方，而酒店里的卫生间则有着更多的功能和意义。酒店内的卫生间分为公用卫生间和客房内独立使用的卫生间两大类别。公共卫生间是指设置于酒店各公共区域的、供宾客使用的卫生间，其硬件档次与管理水平体现着酒店的等级与质量。

（二）酒店公共卫生间设计

公共卫生间的设置应体现私密性，应易于寻找。公共卫生间的门不可直接对着大堂的中央空间，必须隐蔽。卫生间入口的设置应符合男左女右的习惯，采用前室—盥洗—厕所的布局结构。公共卫生间按照相关规定和指标配置卫生洁具，如条件允许，应设置单独的残疾人卫生间，如没有条件，应在卫生间内设置残疾人专用厕位，卫生间内还应设置存储清洁工具的储藏室。

酒店大堂卫生间的位置不宜过于暴露，男女卫生间的门不宜直接面对公共区，而应设置在一个从大堂不可能直视到的，但距离大堂酒吧比较近的位置。大堂公共卫生间应该临近餐饮经营区，如大堂吧。图2-24所示为某酒店大堂公共卫生间平面图。

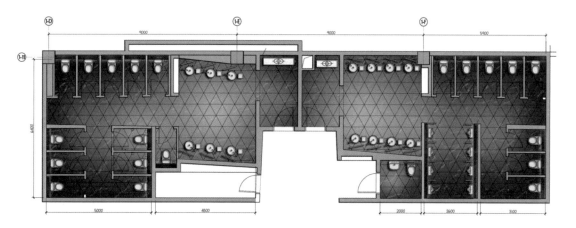

▲ 图2-24　某酒店大堂公共卫生间平面图

卫生间内的盥洗台应具备调节水温的功能，附设喷香机、烘手器、洗手液、擦手纸、嵌入式或隐蔽式废纸箱。

酒店内公用卫生间的位置、面积、设备、色调、灯光、空间格局，都与酒店的类别、性质、档次、客源、经营地点有关系，而且越高级的酒店，其公用卫生间的艺术氛围，材料使用、新技术的应用，以及人性化的设计就越好。

酒店内所有的公共餐厅、酒吧、咖啡厅，以及会议厅、娱乐康体设施的区域都需要设置公共卫生间，这些卫生间的设立都应该依据其所服务的场所能容纳的人数、餐位来计算面积、摆放设备。图2-25所示为某酒店宴会厅公共卫生间平面布置图。

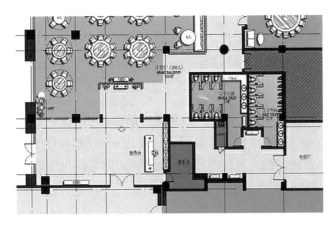

▲ 图 2-25　某酒店宴会厅公共卫生间平面布置图

六、酒店会议设施

为了顺应酒店多元化的发展趋势，方便顾客和增加酒店的竞争力，许多酒店纷纷在公共区域设置会议室或可以举行会议的多功能厅，以承接一定规模的会议及各种文化娱乐活动。会议设施是星级酒店，尤其是商务会议型酒店的重要服务功能。《旅游饭店星级的划分与评定》中规定：三星级酒店应提供与酒店接待能力相适应的宴会或会议服务；四星级酒店应有至少两种规格的会议设施，配备相应的设施并提供专业服务；五星级酒店应有两种以上规格的会议设施，有多功能厅，配备相应的设施并提供专业服务。

会议空间包括大小会议室、多功能厅、学术报告厅和新闻发布厅等。

会议室（图 2-26）按规模可以分为以下几类。

① 200 ～ 500 人用的大会议室。可用于典礼、招待会和大型团体会议等。

② 30 ～ 150 人用的中小型会议室。

③ 10 ～ 20 人用的临时会议室。

④满足其他专门要求的会议室。

要注意会议室的尺寸。座位一般按每座 0.7 平方米进行设计。图 2-27 所示为某酒店会议室。

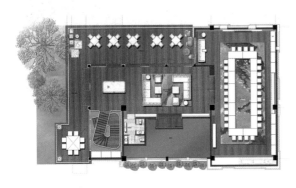

▲ 图 2-26　某酒店会议室平面图

▲ 图 2-27　某酒店会议室

星级酒店应力争将会议设施集中在同一区域，形成酒店统一的会议中心。会议中心应尽量设置在低楼层，便于人流疏散，并设置会议专用服务台，备有电脑、打印机、复印机等办公设施，方便宾客使用。

七、酒店康乐设施

（一）酒店康乐设施服务

《旅游饭店星级的划分与评定》中规定：四、五星级酒店应有康体设施，其应布局合理，提供相应的服务。酒店康乐项目大体上可分为康体和娱乐两大部分。酒店康体设施的设计应符合健康、安全、舒适的标准。应注意，按照康体和娱乐分类，各服务项目应相对集中，并与客房区域相分隔，流线合理，导向标志应完善清晰；保证室内通风良好、照明充足、温度适宜，家具摆放要整齐，绿色植物位置应合理、维护良好；服务台内要有宾客须知、营业时间、价目表等，并提供接待、结账及饮品服务；要保证安全通道畅通，在出入口处及关键位置说明清楚，消防设备要配置齐全。

（二）酒店康乐设施设计

1. 游泳池

（1）位置

室内游泳池应与客房、酒店公共区域适当隔离，避免泳池温度和氯气对其他宾客产生影响；室外泳池应选择日照充分、避风、树木较少的地方。巴黎 Le Roch 酒店的游泳池（图2-28）带有天窗，这在巴黎的酒店是十分难得的。宾客在这里可以享受独特体验：在瀑布下游泳或是直接进入桑拿房。游泳池采用了与酒店其它区域一致的设计：黑色马赛克与熔岩石灰色的木地板相呼应，营造亲密而时尚的氛围。

▲ 图 2-28　巴黎 Le Roch 酒店游泳池

（2）设施要求

游泳池门口应说明宾客须知、营业时间、价目表等信息。标牌的制作应美观，符合星级酒店对于公共信息图形符号的相关要求。

更衣室应配备带锁更衣柜、衣架、椅凳等，应采用间隔式淋浴间，应有门或浴帘、洗浴液等，要有防滑措施。

入口处要有浸脚消毒池。应有池水加热系统；池水循环处理系统，应每日补给 3% 以上的新鲜水；池水应定期消毒、更换，氯值应保持在 7.5 ± 0.2 之间；细菌总数不能超过 1000 个（图 2-29、图 2-30）。

▲ 图 2-29　伦敦伦敦人酒店游泳池　　▲ 图 2-30　三亚凯悦嘉轩酒店游泳池

2. 健身房

健身房的设计风格和布局应据酒店规模来定，空间大小的设定需要考虑运动项目和健身器材的所需场地和空间高度，一般健身房的面积为 50 ~ 100 平方米，高度不低于 2.9 米，有不少于 5 种的运动器材。健身区域的外围可使用玻璃，方便外面的客人观赏到内部的设施，使他们充分感受到健身房的活力。健身房内部也可以尽量设置一些玻璃窗，保证视线通透和良好的采光。健身房内需要有更衣室、储物间、淋浴室、卫生间、休息区、接待前台和办公室等功能区域。健身房的洗浴设施必须确保防水防渗。器械健身区域的器械如跑步机、动感单车、登山机等因重量、压力较大，必须考虑楼层的承重问题（图 2-31）。

▲ 图 2-31　北京瑰丽酒店

3. SPA

SPA 是指利用水的温度及冲击来达到放松、健身的效果的一种保养方式，包括水疗、芳香按摩和沐浴等。

洗浴空间是整个 SPA 的主体，包含桑拿、蒸汽、水力按摩、普通淋浴、药浴和花浴等服务。洗浴空间设计须以人为本，充分考虑客人的便捷。洗浴空间较为潮湿，所以地面和墙面应选用花岗岩、大理石、瓷砖、不锈钢板、玻璃、塑料等防潮、耐腐蚀的材料。还要注意保持良好的通风，防止水汽凝结在天花板上。

按摩空间也是 SPA 的重要组成部分。按摩空间的光线要柔和，尽量不要受到外界干扰，以便让宾客可以得到身心的放松。

此外，还需要设置休息空间，比如休息大厅或包房，以便宾客休息、娱乐、恢复体力或等待按摩等。在休息空间中，可设沙发、酒吧、日光浴、"卡拉OK"等设施。整个休息空间在设计上要给人以轻松、优雅、舒适和温馨的感觉，在灯光、色彩、物品陈设方面也要注意搭配和组织，并且照明设计不宜过亮，最好采用局部照明和间接照明的方式。

上海镛舍酒店——谧寻水疗（图 2-32 至图 2-34）为中国首间引入茶灵护理的酒店水疗中心。酒店结合现代摩登与历史沉淀的设计风格，被称为隐秘在闹市中的"静雅绿洲"。

▲ 图 2-32　上海镛舍酒店水疗中心（一）

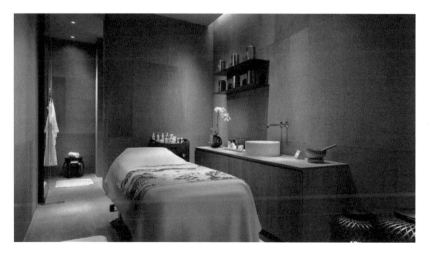

▲ 图 2-33　上海镛舍酒店水疗中心（二）

▲ 图 2-34　上海镛舍酒店水疗中心（三）

4. 球场

球场的种类很丰富，宾客可以根据酒店具体的条件灵活选择，如网球场、羽毛球场、台球室、乒乓球室、保龄球中心等。应根据不同的空间功能选择不同的空间构成方式和设计风格，并应遵循相应的设计规范。

设计实训

酒店公共空间功能分区的整理与分析

一、设计内容

1.酒店风格定位的分析。

2.酒店公共区域功能分区与设计。

3.酒店公共区域流线的分析。

4.酒店大堂的设计主题与风格。

二、设计重点

酒店大堂区域的功能分区与设计。

三、作业要求

2~3人为1个小组，完成指定酒店平面图中公共区域的功能分区设计，以幻灯片展现。

第二节 酒店客房空间设计

一、客房的地位与作用

"客房是客人在异乡的家。"这不仅仅是一句销售用语，也很准确地定义了客房的功能与设计原则，这里应该是一个私密的、放松的、舒适的，浓缩了可以满足客人休息、私人办公、娱乐、商务会谈等诸多使用要求的功能性空间（图2-35）。

▲ 图2-35 泰国 Dusit D2 华欣酒店客房

客房面积占整个酒店面积的 65% ~ 85%，客房收入占酒店总收入的 50% 以上。客房比酒店的外观、大堂或其他区域更能给客人留下深刻的印象，是酒店最主要的服务项目区域，客房收入又是酒店获取经营收入的主要来源。相较于用餐与娱乐活动，客房是客人入住后使用时间最长也最具私密性质的场所。

客人在客房内的逗留时间长达 10 小时，因此，客房的个性化装修、装饰会对客人产生重要的影响，是客人选择是否再次入住的重要因素。

①客房是酒店的主要组成部分。在酒店建筑面积中，酒店的固定资产绝大部分都在客房，酒店经营活动所必需的大部分物资设备和物料用品也在客房。

②客房是酒店存在的基础。酒店是向旅客提供生活需要的综合服务设施，它必须能向旅客提供住宿服务，而住宿必须要有客房，从这个意义上来说，有客房便能成为酒店。

③酒店的等级水平主要由客房的水平决定。人们衡量酒店的等级水平时，主要依据的是酒店的设备与服务。而设备从外观、数量或是使用的角度来说，都体现了酒店的档次。旅客在客房停留的时间较长，所以更易于感受到客房的服务质量，因而客房服务水平常常被看作衡量酒店等级水平的标准。

客房水平包括两个方面：一是客房设备，包括房间、家具、墙壁、地面的装饰、客房布置、客房电器设备和卫生间设备等；二是服务水平体现了服务员的工作态度、服务技巧和方法等。

④客房收入是酒店经济收入和利润的重要来源。酒店的经济收入主要来源于三部分：客房收入、饮食收入以及综合服务设施收入。其中，客房收入是酒店收入的主要来源，且客房收入较其他部门收入来说更加稳定。客房收入占酒店总收入的50%以上。因客房经营成本比饮食部、商场部等要少，因而其利润是酒店利润的主要来源。

⑤客房是酒店一切经济活动的枢纽。酒店作为一种现代化食宿购物场所，只有在客房入住率高的情况下，酒店的一切设施才能发挥作用，酒店的一切组织机构才能运转，才能促进整个酒店的经营管理水平的提升。客人住进客房前要到前台办手续、交费；要到饮食部用餐、宴请；要到商务中心进行商务活动，还要健身、购物、娱乐，因而客房服务让酒店的各种综合服务设施正常运作。

⑥客房服务质量是衡量酒店服务质量、体现酒店声誉的重要标志。客房是客人在酒店中停留时间最长的地方，客人对客房更有一种亲切的感觉。因此，客房的卫生是否良好、服务是否热情周到、服务项目是否丰富等，都对客人有着直接的影响，是客人衡量"价"与"值"两者是否相符的主要依据。

二、客房的尺度

客房的标准间面积对于整个酒店来讲是一个最重要的指标，甚至决定着整个酒店的档次与等级。从20世纪八十年代以来，中外酒店设计中的客房面积越来越大。

客房面积的大小受建筑的柱网间距制约。在酒店设计中，从20世纪五十年代开始，西方国家特别是美国多采用宽度为3.7米的酒店客房开间。到八十年代，这种方式流传到我国，从那时起，我国酒店的建筑大多采用7.2米、7.5米的柱网间距。按照一个柱距摆两间客房的标准来计算，客房的面积约为26～30平方米左右，到了九十年代，建筑柱网间距扩大到了8～8.4米，这时的客房面积也扩大到了36平方米左右。20世纪末到21世纪初，柱网间距又扩大到了9米，这时的客房面积约为40平方米，现在的新建高档酒店的柱网间距一般为10米，所以客房面积扩大到了50平方米左右。图2-36所示为某酒店客房平面布置图。

综合国际、国内的通行做法，下面我们对上面提到的几个时期的面积指标与房间的技术经济性能做个比较。

房间的开间在3.7米左右时，性价比（建筑成本与房间功能之比）最佳。全世界的城市商务酒店在大半个世纪以来，差不多都是沿用美国假日酒店创始人凯蒙斯·威尔森设计的客房标准形式（俗称标准间），这种房间一般净宽为3.7米左右，可在墙的一边安放两张单人床或者一张双

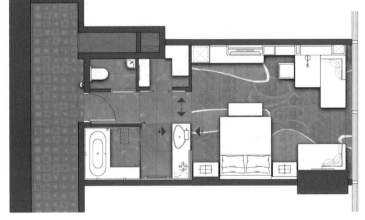

▲ 图2-36　某酒店客房平面布置图

人床，在另一边可摆放写字台、行李架、小酒吧，设置空间较为充裕的过道。客人躺在床上观看放在写字台上的电视时，观赏的角度和距离正合适。当时的"标准间"一般有 7.2 ～ 7.5 米的柱网间距，层高为 3 米，面积为 26 平方米，房间内的家具有 11 件，卫生间的设施是"三大件、六小件"。这个标准在世界范围内持续了许多年，堪称经典。

如果将房间加宽到 4 米，房间并不能多摆放一件家具，客人在房间内活动的空间也得不到太大的改善，客人反而会因为观看电视的距离大于 3 米而产生视觉疲劳。如果将房宽为 3.7 米的客房长度加长 60 ～ 100 厘米，那么客人的活动空间会大许多。从建筑成本角度来讲，房间宽度扩大 0.3 米与长度加长 1 米所增加的成本是差不多的，真正使房间的空间有较大改善的是 4.5 ～ 5 米左右的开间。这是一种新的布局方式，打破了垄断大半个世纪的威尔森标准间的设计模式，客房设计具有更加明显的创意，同时豪华舒适感大大提高，这也说明了为什么 3.7 米左右开间的客房能持续 60 年不败，而有着 4 米开间的客房不到 10 年就更新换代了。结论是，采用 3.7 米的开间或 7.2 ～ 7.5 米的柱网间距做酒店客房时性价比最佳。但从发展趋势看，4.5 ～ 5 米的开间或 9 ～ 10 米的柱网间距所构成的客房空间更受欢迎。

三、客房的分类

客房的分类方法很多，可按房间配备的床的种类和数量划分，也可按房间所处的位置划分。客房只有类型多样、价格高低有别，才能满足不同客人的需求，尤其是适应不同消费能力的人群。一般酒店只有标准间和少量套房，大多数酒店套房仅占总数的 2% ～ 5%，无障碍客房仅占总数的 1%。

酒店客房根据面积、星级、服务质量等指标，可大致分为以下几类。

（一）按构成单位客房的房间数量划分

①单间——一个房间（图 2-37）。
②套间——两个及两个以上房间（图 2-38）。

▲ 图 2-37　希尔顿旗下五星民宿 Royal Senses 单间客房　　▲ 图 2-38　希尔顿旗下五星民宿 Royal Senses 套间客房

（二）按房间配备床的种类和数量划分

1. 单人房

单人房又称单人客房，是指在房内放一张单人床的客房，一般是由一间面积为 16 ~ 20 平方米的房间，包含的卫生间和其他附属设备组成，适合商务、旅游的单身客人使用。酒店的单人间一般数量很少，并且多把面积较小或位置偏僻的房间作为单人间使用，属于经济档客房。

根据卫生间的设备条件，单人间又可分为无浴室单人间、带淋浴单人间与带浴室单人间。图 2-39 所示为某酒店标准单人房平面布置图。

▲ 图 2-39　某酒店标准单人房平面布置图

2. 大床间

大床间是指在房内放一张双人床的客房。主要适用于夫妻居住，新婚夫妇使用时，可将其称作"蜜月客房"。图 2-40 所示为某酒店大床间平面设计方案。

高档商务客人很喜欢大床间的宽敞舒适，是这种房间的适用对象。目前高星级酒店的商务客房以配备双人床并增设先进办公通信设备为特色。在以接待商务客人为主的酒店，大床间的比例逐渐增加，多者可占客房总数的50% ~ 60%（图 2-41）。

AREA	(±SQM)		(±SQM)
OVERALL (INTERNAL CLEARANCE)	45.10 m²	BATHROOM	12.40 m²
FOYER	6.60 m²	WC	1.50 m²
BEDROOM / STUDY	19.80 m²	SHOWER	1.90 m²
WALK-IN WARDROBE	2.90 m²		

▲ 图 2-40　某酒店大床间平面设计方案

▲ 图 2-41　曼谷瑰丽酒店大床间

3. 双床间

双床间的种类很多，可以满足不同层次的客人的需要。

双床间一般配备两张单人床，中间用床头柜隔开，可供两位客人居住，通常称为"标准间"。这类客房占的酒店客房数的比例较大，适用于旅游团队和参加会议的客人。普通散客也多选择此类客房（图 2-42、图 2-43）。

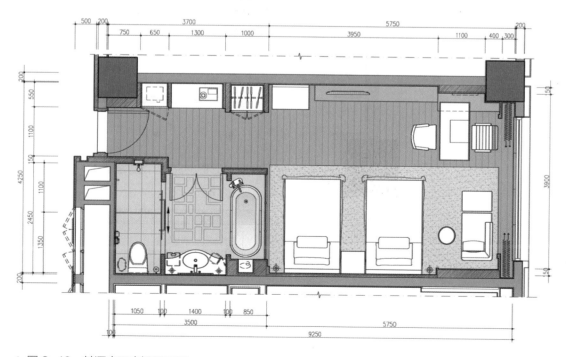

▲ 图 2-42　某酒店双床间平面图

酒店空间设计

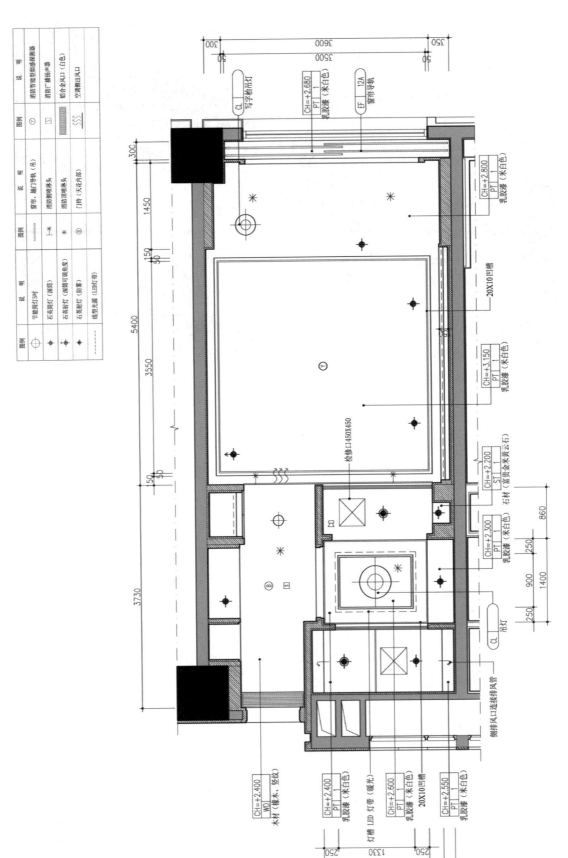

▲ 图2-43 某酒店双床间天花图

64

▲ 图2-44　东京 Sorano 酒店双床间

▲ 图2-45　某酒店套间平面布置图

　　①普通套间：连通的两个房间称双套间（图2-46），又称双连客房。一间做卧室，另一间做起居室，即会客室。卧室中放置一张大床或两张单人床，并附有卫生间。起居室也设有供访客使用的盥洗室，内有便器与洗面盆，一般不设浴缸。

　　②组合套间：这是一种根据需要专门设计的房间，每个房间都有卫生间，有的由两个相对的房间组成，有的由中

有时会配备两张双人床，可供两个单身旅行者居住，也可供夫妇或家庭居住。这种客房的面积比普通标准间大（图2-44）。

4. 三人间

　　三人间内一般放置三张单人床，属于经济档客房。在中高档酒店中，这种类型的客房数量极少，有的甚至不设此类客房，当客人需要三人同住一间时，酒店往往采用在标准间内加一张折叠床的办法。三人间在新兴城镇或市郊的酒店还是有市场的。

5. 多床间

　　在档次较低的旅馆及招待所，客房内的床一般不多于四张。多床间大多配备一张双人床、一张单人床或配备一张大号双人床、一张普通双人床。这类房间容易满足家庭旅行客人的需求。

6. 套间

　　套间是由两间或两间以上的房间（内有卫生间和其他附属设施）组成的，套间也有多种类型（图2-45）。

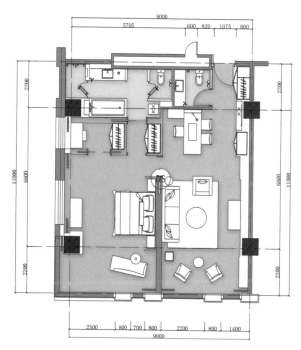

▲ 图2-46　某酒店双套间平面图

间有门和锁的相邻的两个房间组成，也有的由相邻的各有卫生间的三个房间组成。

③多套间：由三至五间或更多的房间组成。两个卧室各带卫生间及会客室、餐厅、办公室、厨房等，卧室内设特大号双人床（图2-47）。

④高级套间：由七至八间房间组成的套间，走廊有小酒吧。两个卧室分开，男女卫生间分开，内设客厅、书房、会议室、随员室、警卫室、餐厅、厨房等，有的还有室内花园（图2-48）。

⑤立体套间（跃层式套间）：由楼上、楼下两层组成，楼上为卧室，面积较小，设有两张单人床或一张双人床。楼下设有卫生间和会客室，室内有活动沙发，可以将其拉开当床使用。

⑥商务套间：商务套间是专为商务旅客而设的豪华居所，房间宽敞、舒适，格调高雅，配套设施完善，配有电脑设备，主要用于办公及商务会谈。商务套间包括客厅、卧室和独立设置的主卫、客卫，主卫除标准配套设施外，特设独立淋浴间。部分酒店商务套间等同于行政套房，有独立的咖啡厅、快速办理登记的前台，部分房间有传真机（图2-49）。

⑦豪华套间：室内陈设、装饰、床具和卫生间用品等都比较高级豪华，通常备有大号双人床或特大号双人床。此类套间可以是双套间，也可以是有三至五个房间的多套间。豪华套间的浴室与化妆间占用一个自然间。按功能可将豪华套间分为卧室、客厅、书房、娱乐室、餐室或酒吧等（图2-50）。

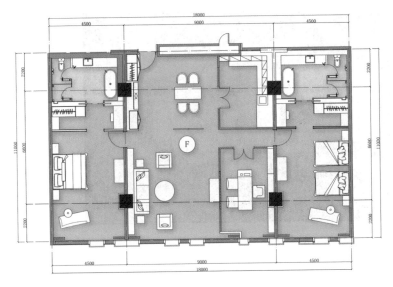

▲ 图2-47　某酒店多套间平面图

▲ 图2-48　某酒店高级套间平面图

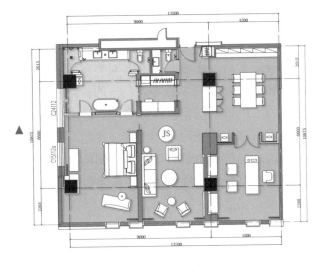

▲ 图2-49　某酒店商务套间平面图

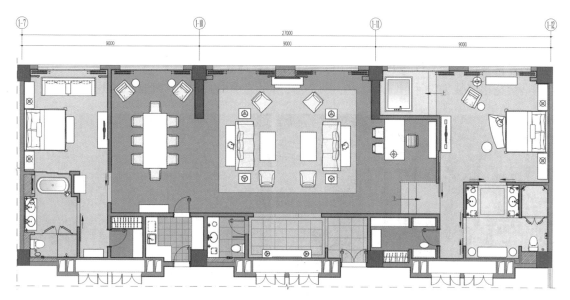

▲ 图 2-50　某酒店豪华套间平面图

⑧总统套间：五星级高档酒店里都有一个"总统套房"，有的占二三百平方米，有的占了一层楼。它是酒店的"脸面"，是酒店里最尊贵的"地盘"，也是酒店经营管理者投资最大、操心最多和盈利最少的客房，每月的开房次数很少。高星级酒店用来接待外国元首或者高级商务代表等重要贵宾，其气派之大、档次之高、价格之昂贵不言而喻。

总统套间通常由 5 间以上的房间组成，大多布置于走廊末端，空间设置灵活，吸取了别墅、公寓的设计风格。电梯、保安、秘书、高级卫生间等附属用房多达 20 间。套间内男女主人的卧室是分开的，男女卫生间也是分开使用的。套间内还设有客厅、书房、娱乐室、会议室、随员室、警卫室、餐室或酒吧间、厨房等，有的还设室内花园。房间内部装饰布置极为讲究，设备用品奢侈豪华。总统套间并非只有总统才能住，而是标志着该酒店已具备了接待总统的条件和档次。总统房并非五星级酒店所专有，有的豪华酒店，尤其是近些年发展起来的精品酒店，根据自身需要也可以设置"总统房"（图 2-51）。

最早提出"总统套房"概念的是美国的酒店，实际上只是为了迎合美国 20 世纪三十年代的社会奢靡风气而推出的一个酒店销售产品。久而久之，"总统套房""主席套房""皇帝套房"被美国的跨国酒店管理集团推向了

▲ 图 2-51　某酒店总统套房设计

全世界。"总统套房"会给酒店品牌带来光环，也使经营管理者引以为豪。"总统套房"会产生一种不可言喻的能量，并传播到整个酒店，它不可能为酒店带来稳定而直接的收入，但其本身的存在就已经具有极强的宣传作用。很多酒店经营管理者即便抱怨"总统套房"不挣钱，但还是会花很多钱去设计它、装修它。图 2-52 所示为黑山共和国波托挪威唯逸度假酒店。

▲ 图 2-52　黑山共和国波托挪威唯逸度假酒店

（三）按酒店内特殊客房空间种类划分

特殊客房指专为某一类特别的人设置的房间，如残疾人、商场业务人员、文人墨客等具有特殊身份或行动不便的人群。

①连通房：相邻的房间，内部由连通门连接。图 2-53 所示为某酒店连通房平面图。

②商务房：内布局、家具等考虑商务客人的需要（对应商务楼层、行政楼层）。

③残疾人房：保证通道宽敞，地面无障碍，墙上有扶手，不用旋转开关。要求星级酒店的客房中每 100 间中要有一间无障碍客房。客房的出入口、通道、通讯、家具和卫生间等均应方便乘轮椅者通行和使用。

④公寓房：为长住客人设计，布局、功能家庭化，有厨房、餐室、较大的储存间等。

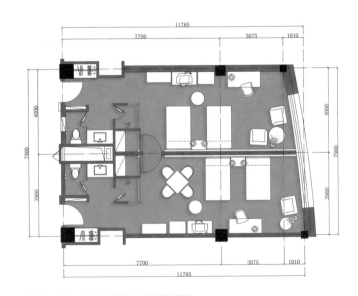

▲ 图 2-53　某酒店连通房平面图

（四）按酒店内客房空间位置种类划分

①外景房：窗户朝向公园、大海、湖泊或街道的客房。其收费较高。

②内景房（园景房）：窗户朝向酒店内的庭院的客房。

③角房：位于走廊过道尽头的客房，由于结构的影响，空间不规则。

④连通房：室外两门毗连而室内无门相通的客房。

⑤相邻房：客房靠在一起互不相通。

（五）按酒店内客房经济等级种类划分

1. 经济间

经济间（图2-54）的最大特点不是"便宜"，而是"付出小，回报快"，这决定了其设计是简化的，满足人体基本需求即可，但简化并不是简单。

▲ 图2-54　某经济型酒店客房

2. 标准间

标准间又称双床间，标准间的面积通常在 16 ～ 38 平方米之间，它是酒店最常用的客房类型。室内通常放置两张单人床，满足 1 ～ 2 人居住（图 2-55、图 2-56）。

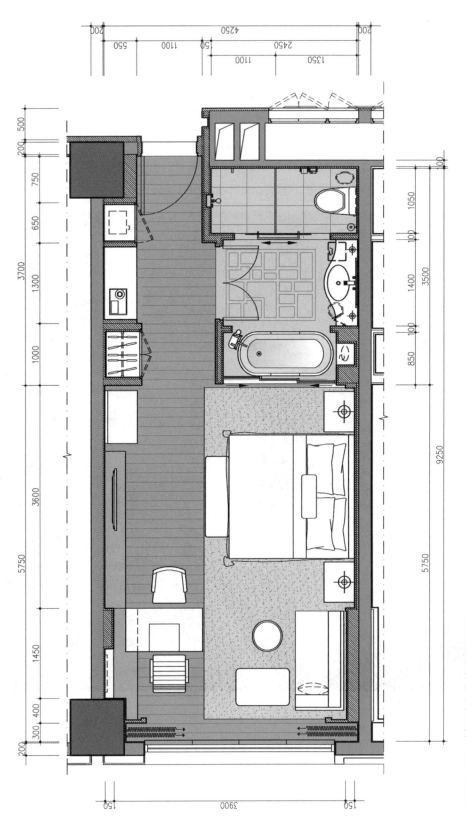

▲ 图 2-55　某酒店标准客房平面图

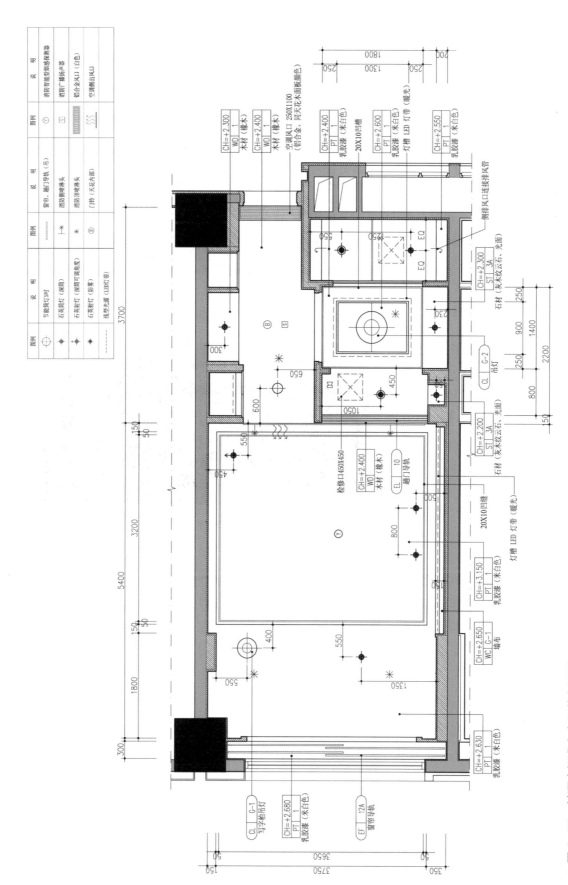

▲ 图2-56 某酒店标准客房天花布置图

3. 豪华间

豪华间（图 2-57、图 2-58）多针对商务型客人，一般以套间的形式存在，有独立的办公空间和会客空间，还有独立的卧室，房间里有宽带网线、传真机等，有的会多一套办公的桌椅。

酒店客房除上述几种类型外，还有其他特殊形式。如根据客人的需要，把相对的两间客房或相邻的两间客房一起租给客人使用的形式被称为组合客房，另外，还有多功能客房等。

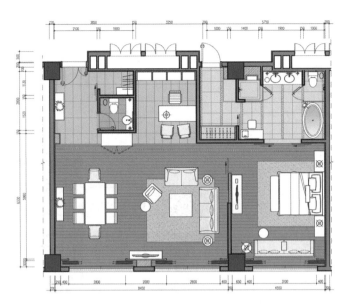

▲ 图 2-57 某酒店豪华间平面图

（六）酒店中的特色楼层

1. 商务楼层

商务楼层是高星级酒店（通常为四星级以上）为了接待消费客人，向他们提供特殊的优质服务而专门设立的楼层。商务楼层被誉为"店中之店"，通常隶属于前厅部。住在商务楼层的客人，不必在总台办理住宿登记手续，客

▲ 图 2-58 广东东莞洲际酒店豪华间

人的住宿登记、结账等手续由商务楼层的相关人员专门负责办理。另外，在商务楼层通常还设有客人休息室、会客室、咖啡厅、自助餐厅、报刊资料室、商务洽谈室、商务中心等，因此，商务楼层集酒店的前厅登记、结账、餐饮、商务中心于一身，为商务客人提供更为温馨的环境和各种便利，能让客人享受到更加优质的服务。

2. 行政楼层

行政楼层在很多酒店又叫作贵宾楼层、豪华阁之类，其服务、内部装修与价格均高于普通楼层，因为它可以提供专属服务，有行政酒廊、免费甜点和下午茶，还有免费洗衣、延迟离店等服务。住在行政楼层的客人大多是愿意入住高房价的人，也就是说客人的档次都比较高。而且行政楼层的服务人员可以直接为客人快速办理入住及离店手续。

行政楼层被称为"酒店中的酒店"，客人可以在楼层上单独办理入住、结账等手续。其拥有专用大厅、接待吧台与专有电梯，有的酒店行政楼层还设置了二十四小时管家服务（图 2-59）。

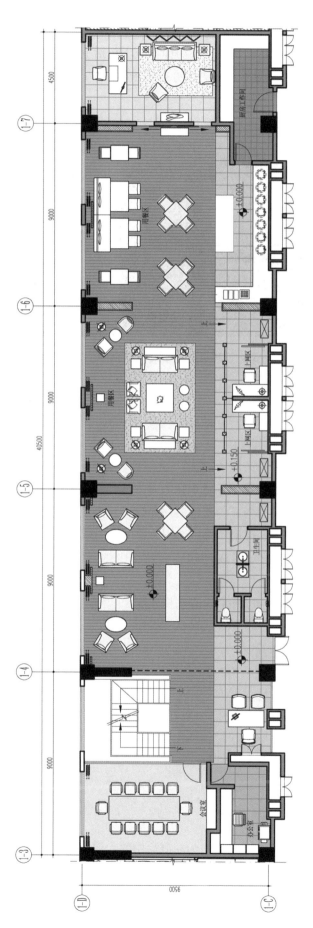

▲ 图2-59　某酒店行政楼层平面布置图

行政楼层还会设置早餐厅、下午茶餐厅、行政酒廊、上网区域、小会议室，以及打字、复印、咨询等服务，供入住该楼层的客人使用，客房面积在不包括卫生间和门廊面积的前提下均不小于30平方米。客户在此楼层足不出户即可办好各种事情。

3. 女士楼层

世界上有些酒店设有女性专用楼层，俗称"夏娃层"，为女性提供个性化的服务。该楼层尊重女性客人的隐私权，提供与女性审美相符的室内装饰、设计以及适宜女性需求的家具、日用品、化妆品与女性应急包等，且布下多重安保措施，确保男士无法入内（图2-60）。

▲ 图2-60　迪拜卓美亚阿联酋塔酒店中东首家奉行"男士免入"楼层的酒店

4. 禁烟楼层

该楼层将吸烟顾客和非吸烟顾客进行适当的区域划分，满足不同顾客的个性化服务需要。无烟楼层参考标准如下。

①无烟楼层电梯口放置明显的中英文禁烟标志。

②无烟楼层的客房设施尽量选用不吸烟味或烟味附着力低的材料和用品，其开始运营后不安排"烟民"入住，在洗涤用品时要与其他房间的用品分开。不摆放烟灰缸，设置无烟提示牌及无烟楼层客房标志，摆放吸烟惩罚提示牌，选用灵敏度高的烟感器等。

③在前台给客人办入住手续的时候可以询问客人是否吸烟，应按照要求将其分配到无烟房。

④无烟客房里还可放一份清凉糖，以感谢宾客选择入住无烟楼层。

四、客房的设计要素

客房运营成本低，收益回报丰厚，是酒店利润的重要来源。相应的，它也成为酒店设计中最具有挑战性的环节之一。但是长久以来，客房特别是标准客房的设计创新性很低，功能格局乃至家具款式的每一个细节都大同小异，是真正意义上的标准客房。在住房客人与许多酒店经营管理者自身的理念中，已经有了一种客房设计的固定模式，而这种陈旧模式带来了种种不方便，迫使客人去习惯它、适应它。

（一）客房功能

在现代社会中，酒店的功能已慢慢地由最初为在旅途中的人们提供单一的住宿服务转变

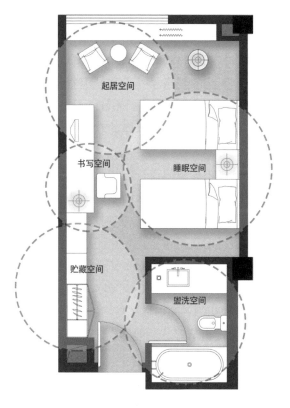

▲ 图 2-61　客房功能分区

为了向客人提供住宿、购物、餐饮、娱乐、健身、商务等综合性服务的场所，并形成了拥有不同等级、类型、规模、经营方式的众多酒店组成的酒店业，但在推陈出新的过程中，设计师们常常受到所谓"标准"的困扰，无法摆脱沿袭了几十年的客房模式，其实"标准客房"之标准应该是指功能上的标准，而非形式上的标准，想通了这一点，便好放开手脚去做设计了。

1. 客房功能分区

客房的功能设计通过客房功能分区（图 2-61）来实现，以商务酒店的标准客房，即上述提到的美国假日酒店创始人凯蒙斯·威尔森设计的客房标准形式（俗称标准间）为例，客房一般分为睡眠空间、盥洗空间、起居空间、书写空间、储存空间五个功能区，并相应地配备不同的设施设备。

（1）睡眠空间

睡眠空间是客房中最基本的空间，主要设备设施有床和床头控制柜。客房中的睡眠空间一向是室内设计师下功夫最多的区域之一，也是整个客房中面积最大的功能区域。图 2-62 所示为奥地利阿德尔酒店客房睡眠空间。

床是酒店为客人提供休息和睡眠的最基本的设备，酒店一般采用西式床，其种类和规格要根据酒店的等级和客房面积而定。

▲ 图 2-62　奥地利阿德尔酒店客房睡眠空间

床的基本类型包括：单人床、双人床、大号双人床、特大号双人床、婴儿床、加床。此外还有折叠床、单双两便床、沙发床、水床、隐蔽床等。床的规格的差别也较大，没有统一的标准。床的规格大致为：单人床1米×2米，双人床1.4米×2米，大号双人床1.6米×2米，特大号双人床2米×2米。另外，设置床的高度时，要考虑美观、协调及便于操作等因素，一般应在400～600毫米之间。

▲ 图 2-63 某度假酒店客房

无论是大床还是双床，床背板与床头柜的设计都至关重要。无论其形式与材料如何变化创新，都要与写字台的款式和材料统一，同时，设计元素需要有关联性。床垫的规格尺寸、软硬度直接体现出客房的舒适度，一般情况下垫子不软不硬，弹性好，但仍需另配置一部分100毫米厚的软垫子以备不时之需（图 2-63）。

床头靠板与床头柜的设计同样重要。为适应不同客人的使用需要，建议两床间不设床头柜或设置可折叠收起的简易台面装置。床头柜可设立在床的两侧，以功能简单、方便使用作为首要考虑因素。床头靠板与墙是房间中相对完整的部分，故设计时可着重考虑。床头控制柜功能较多，应方便客人使用各种电器，满足客人的基本需要。但需注意床水平面以上700毫米左右的区域（客人的头部位置）易脏，需考虑使用防污性的材料。此外，可调光的座灯或台灯（壁灯为好）对就寝区的光环境塑造至关重要，同时因其使用频率及损坏率高，故不容忽视。

另外在床头控制柜上一般还配有电话、便笺、一次性铅笔等。一般会在下面的隔板上摆放一次性拖鞋和擦鞋布。

一般客房中会放置床尾凳，其类型有长凳、方凳、小圆凳、梅花凳等，尺寸一般在1200毫米×400毫米×480毫米左右，也有1210毫米×500毫米×500毫米，以及1200毫米×420毫米×427毫米等规格。

（2）盥洗空间

盥洗空间指客房的卫生间，如客房设计好了，整个酒店的设计就完成了80%，而如果客房卫生间设计好了，客房的设计就完成了80%。同时卫生间也是

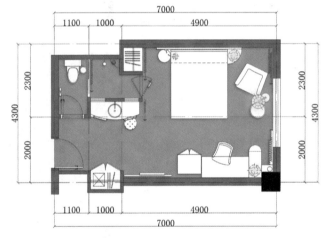

▲ 图 2-64 某客房平面图卫生间干湿分区、座厕区分离

体现酒店等级的重要指标之一。卫生间空间独立，风、水、电系统交错复杂，设备多、面积小，因此，处处应遵循人体工程学原理，做人性化设计。卫生间的干湿区分离、座厕区分离（图 2-64）是国际趋势，避免了功能交叉、互扰。卫生间须配备浴缸、坐便器、洗脸盆等设备，其功能设计主要通过这三大设施来体现。

云台与面盆这一空间由台面、洗脸盆、水龙头、墙面大玻璃镜、电源插座等组成。台面多使用水磨石、大理石、人造大理石等材料，其表面光滑美观。台面与妆镜是卫生间造型设计的重点，面盆上方配置的石英灯照明和镜面两侧或单侧的壁灯照明都不可或缺。面盆多为瓷质，其特点是美观、耐用、易清洁。

▲ 图 2-65 北京三里屯通盈中心洲际酒店卫生间

▲ 图 2-66 希尔顿旗下五星民宿 Royal Senses 客房卫生间

客房卫生间（图 2-65、图 2-66）一般面积较小，为提高空间感，酒店一般会在云台上方的墙面上安装大玻璃镜，同时为客人化妆或剃须提供便利。为消除镜面上的水蒸气，一般可在镜子后安装除水雾装置。云台上应摆放各种洗漱用品，并安装冷、热水龙头。云台一侧的墙面上应设置电源插座，供客人使用吹风机、电动剃须刀等。洗手台的设置除原有功能外还应考虑增加趣味性装置，如小电视机等。设计时应考虑陶瓷洗脸盆与台面的关系，做台下盆或台上盆，或做一半台上、一半台下的处理。洗手台上应放置日常洗漱用品。

淋浴间与浴盆是否分开可视酒店档次而定（图 2-65、图 2-66）。大多数客人不愿意使用浴缸，浴缸本身也带来荷载增大、资金投入增大、装修时间延长等诸多不利因素，除非是酒店的级别与客房的档次需要配备浴缸，否则完全可以用精致的淋浴间代替，既节省空间，又减少了投入。据统计，90% 以上的客人只愿意使用淋浴。另外，无论是否使用浴缸，在为带花洒的淋浴区的墙面选择材料时，都要避免使用不易清洁的材料，要慎用磨砂或亚光质地的材料。浴缸应带有可调节水温的水龙头，附设淋浴喷头，浴缸底部应有防滑措施。

酒店的浴室一般采用透明玻璃设计，在视觉上可放大空间。淋浴空间要求封闭，客人在洗澡时，水不能溢出。同时要注重淋浴空间的人性化设计与细节处理，如地面防滑问题、排水通畅及保证地下排水口隐蔽的问题，仔细考量浴液盒的大小、位置与高度关系，同时计算客人在淋浴时所需的基本空间。浴缸区的设计应考量客人躺着活动时的特殊要求，以及浴液、皂盒和手持花洒的位置，浴缸拉手的长度、高度与浴缸溢水的处理等都必须依照人体工程学的要求来设计。浴缸五金龙头的安装位置不能阻碍客人的活动。

▲ 图 2-67 某酒店客房浴缸

▲ 图 2-68 希尔顿旗下五星民宿 Royal Senses 淋浴间

抽水马桶区域应注重通风与照明，同时考虑其便捷性。电话与厕纸架的位置注意不要安装在坐便器背面的墙上。另外，烟灰缸与小书架的设计会显示出酒店的细心周到。最好将坐便器设置在独立的空间中，单独为其设一扇门，这样将卫生间的墙体改为移门后，坐便器的私密性依然良好。坐便器的空间内应加设书报夹、电话和SOS等设备。此外，客房卫生间的设计除了应考虑完整的功能和方便、卫生、安全的因素之外，还要考虑格局的创新、空间的变化、视觉的丰富和照明光效的专业化标准等等。

例如，卫生间的坐便器摆放位置可以打破常规，不摆在正对门的位置，可以放在较独立的小空间中作为"卫生间里的卫生间"，将洗面盆设在卫生间的"前空间"中，干湿分离。浴缸可以保留，同时也可以只设一个淋浴间（不是成品淋浴房）而不设浴缸，淋浴房内应有小座位，承放"浴用品"的、龛或架、质量好的淋浴喷头（图2-69）。卫生间内的镜面处理同样值得重视，镜面较多而周围环境的色调较重是豪华卫生间的特色之一。卫生间与客卧房间不一定要以墙相隔，单人客房中卫生间的洗面、淋浴和浴缸部分都可以用玻璃与卧室隔断，也可以在卫生间内加PVC卷帘，在度假景观酒店中设置的用来淋浴的浴缸区甚至完全可以与客卧室相通，让客人在洗浴时可以看到卧室中电视播放的节目，并可以通过已经安装在卫生间内的电视音量旋钮来控制音量。同样也可以将卫生间的门略微敞开，巧妙安排洗浴位置，使客人通过敞开的卫生间的门就可以看到电视，也可以直接欣赏到落地窗外（窗台高在60毫米以下）美丽的风景。

现代酒店的卫生间还要具有欣赏价值，特别是高档豪华酒店。酒店在洗面台、镜面、浴缸等位置旁摆放一些工艺品、插花等，可以在很大程度上增加卫生间内的美感，酒店同时应为每一件物品安装相应的低压石英灯。

（3）起居空间

标准间的起居空间（图2-70至图2-72）通常设在客房的窗前区，主要配备座椅（沙发）、电视、电视柜、茶几、落地灯等设施，满足客人阅读、饮食、会客、休息等需求。套房则有独立的起居室。近年来，客房内的起居功能设计有了较大改变，20世纪八九十年代，此区域往往摆放两个沙发加一个茶几，再配一个落地灯，而现在则更多强调"商务"这个功能，渐渐弱化了以往商务标准客房设计中的会客功能，使客房向着更舒适的方向完善和前进。设计师在设计中考虑了宾客阅读、听音乐的需求，改变了人们在房间

▲ 图2-69　曼谷湄南河四季酒店客房淋浴间

▲ 图2-70　太平湖安卓梅达酒店客房起居空间

▲ 图 2-71　悉尼西部酒店客房起居空间

▲ 图 2-72　曼谷嘉佩乐酒店客房起居空间

只能躺在床上看电视的局面。同时，沙发的布艺颜色、材质可与房间内的其它布艺不同，甚至两件沙发的款式、布艺也可不同，这非但不会破坏房间的整体感，反而会使房间更富有生气，更具有"家庭感"。客房设计空间上，在中增设阳台，会把室外空间拉入室内，以此突破传统客房的封闭性。

（4）书写空间

标准间的书写空间（图 2-73 至图 2-75）一般设在床对面的位置，主要设施设备包括写字台、琴凳、电话、台灯等。据统计，约有 2/3 的商务旅客带了便携式电脑。客房书写空间中的写字台作为商务酒店客房的主要设施之一，具有象征意义，在休闲度假酒店中，写字台不应那么正式或过于显眼，但在城市商务酒店的客房陈设中，除床外，写字台是重要的设计要素之一。之所以强调它的尺寸、高低、形状、颜色、材质等，是因为其具有服务于商务酒店的商务功能，因此商务工作所使用的写字台就成了商务酒店标志性的设施。以书写台为中心的家具设计成为这个区域的灵魂，强大而完善的商务功能于此处体现。宽带、传真、电话及其他的各种插口——排列整齐，杂乱的电线被收纳干净。书写台位置的安排也应依空间具体情况仔细考虑，良好的采光与视线同样重要，陈设方式也从过去的"面壁书写"慢慢转变为了现在的"面向房间书写"。

同时客房内的写字台已不再只有过去单一的书写功能，而是把电视机、音响（大多数的五星级酒店客房设置低音箱与电视机相连接，其音响效果更佳）、写字台、小酒吧、保险箱、行李架的各种功能组合在一起，将过去的单件组成一个整

▲ 图 2-73　香港君悦酒店客房书写空间

▲ 图 2-74　深圳柏悦酒店书写空间

▲ 图 2-75　厦门七尚酒店书写空间

体。书写台的组合形式所占面积更大，故其款式、材质、颜色决定了整个房间的装修风格。

（5）储存空间

储存空间（图2-76、图2-77）通常设置在从房门进出过道的侧面，主要设施设备包括壁橱和行李架。壁橱内装有照明灯，挂衣横杆上备有带店徽的衣架。按床位计，每床有两个西服衣架、两个裙架、两个裤架。柜子下面放置洗衣袋和洗衣单。此外，壁橱还可以存放客房备用的枕头、毛毯、被子等。

在设计储空间时要注意如下几个问题。

①衣柜的门开启或滑动时不要发出噪声，轨道要用铝质或钢质的，因为噪声的产生往往来自合页或滑轨的变形。

②目前流行采用开衣柜门后衣柜内的灯就亮起的设计手法，其实这是危险的，衣柜内的灯最好有独立的控制开关，不然会留下火灾或触电的隐患。

③保险箱如在衣柜里，则不宜设计得太高，应以客人完全下蹲时方便使用为宜，切忌将其设计在弯腰才能够到的地方，避免让客人感到疲累。

▲ 图2-76 过云山居桐庐店贮存区

▲ 图2-77 深圳国际会展希尔顿酒店贮存空间

2. 客房功能设计的基本要求

酒店类型不同，客房的功能与装饰装修的侧重点也不同（图2-78）。

①五星级的城市商务酒店：空间整体较为宽敞，布置生动灵活。

②城市经济型酒店：满足客人基本的生活需求。

③度假型酒店：首要功能是满足家庭或旅游团体旅游、休假的入住需求。

④设计型酒店：提供精神享受，满足客人的猎奇心理。

但在客房设计中，也有着始终如一的对功能设计的基本要求，主要体现在以下几点。

▲ 图2-78 纽约Pierhouse&1精品酒店

（1）舒适感

舒适是客人对客房的基本要求，也是客人追求生活质量的一种体现。舒适是客人的一种感受，它由客人的各种主观评价构成。在客房的功能设计中，若要提高舒适感，应主要注意处理好以下几个方面的问题。

①客房空间大小。通常情况下，客房面积越大，舒适度就越高。酒店客房的净高一般应在 2.7 米左右，但客房的面积则没有统一标准，客房面积大小与酒店及客房的等级密切相关。

②客房设备配置。客房设备包括床、衣柜、电器、卫生洁具等，是构成客房商品有用性的条件之一，其配置是影响客房舒适程度的重要因素。

③室内照明。室内照明除了为客人提供灯光的作用外，还有改善空间感和渲染气氛等作用，以获得最佳的视觉效果，增强客房环境的美感和舒适感。

④窗户设计。客房的窗户设计主要出于采光、调节空气、日照及安全方面的考虑，但也应考虑客人观景的需要。

（2）健康性

噪声控制。客房噪声主要来源于客房内部和外部两个方面。

空气质量控制。空气质量直接影响客人的健康，主要涉及温度、湿度、通风等。

（3）安全感

安全是客人选择酒店的首要条件，也是客房管理的重要内容。

消防设施。安全性首先体现在对火灾的预防方面。

防盗设施。防盗设施首先是房门，房门上应装有门镜、防盗链，门锁系统多采用技术先进、安全系数较高的磁卡钥匙等高科技产品。

另外，客房功能设计在保证舒适感、健康性和安全感的同时，还必须注意功能使用的方便性。因为方便满足客人的需求、提高工作效率和服务质量也是客房功能设计的基本要求。

客房是客人在酒店下榻期间的主要生活场所，所以酒店应合理地设计客房的布局，并配备相应的设备，使客房尽可能具备满足客人需求的多种功能，真正成为客人的"家外之家"。

▲ 图 2-79　桐庐富春江畔青龙坞山谷民宿

（二）客房形式要素

1. 门的设计

无论户型如何变化，室内陈设物品如何新奇，设计师如何创新，有一个部分是不变的，即客房的入户门。门的设计是体现客房个性化的一个重要部分（图 2-79）。

在过去几十年间，许多设计师把标准图集上门的尺寸奉为经典，这个尺寸一般是 2100 毫米 ×1000 毫米，为门的洞口尺寸，安装了门樘之后，门扇的净尺寸就只剩下 2030 毫米 ×850 毫米。如今，五星级酒店的客房时的尺寸已经大大改变了，一般情况下是 2300 毫米 ×1100 毫米的门洞尺寸，安装门樘之后，门扇的净尺寸为 2230 毫米 ×1000 毫米。许多情况下，只要现场的层高允许，有时就会把门的高度提高到 2400 毫米。这样做的主要目的是用较少的资金来提高客房的档次。客人在进入客房的一瞬间，门的形式感传达出的信息就会使客人产生一种认知。门的设计特点从公共走廊处开始展现，应营造出安静、安全的气氛，在照明上应重点关注客房门（目的性照明），保证天花板灯光柔和，没有眩光。门框及门边墙的阳角是容易损坏的部位，设计时要考虑保护它们，钢制门框比较合适，不变形，耐撞击。另外，房门的设计与房内的木制家具或色彩等设计有关。门扇的宽度在以 880 ~ 900 毫米为宜，如果无法达到，那么在设计家具时一定要把握好尺度。此外，门上的猫眼的位置不宜太高，要考虑身材不高和未成年客人的使用要求。特别要提示的是靠房间内侧的门扇上一定要有消防疏散指示图，外侧一定要有房门号码。

客房的门（图 2-80）可以凹入墙面，凹入的地方应使客人开门驻留时不影响其他客人行走，不要凹入太深，最好在 450 毫米左右，否则易使客人受到惊吓。灯光既不可太明亮，也不能昏暗，要柔和并且没有眩光。可以考虑采用壁光或墙边光反射照明。最好在门的上方设计一个开门灯，使客人感受到服务的周到。

▲ 图 2-80　某酒店客房入户走廊

2. 地面材质

酒店的客房（图 2-81、图 2-82）一般应设置在三层或三层以上，保证客人的安静、安全，避免让客人受到干扰。客房的走道地面、墙面的材料要考虑维护的成本和使用寿命。客房的走道尽量不要选用浅色的地毯，而要选择耐脏耐用的地毯，墙边的踢脚板可以适当地做高一些，以免行李推车撞到墙纸，有的酒店客房走道甚至还设计了防撞的护墙板，也起到了扶手的作用，如此，既防止使用过程中的无意损坏，也为老年人提供了行走上的便利。此外，客房内入口处的地面最好使用耐水耐脏的石材。因为一些客人可能会开着卫生间的门冲凉或洗手，水会溅出。

▲ 图 2-81　BELLUSTAR 东京酒店客房

▲ 图 2-82　世纪古城布拉格酒店客房

▲ 图 2-83　某酒店客房天花板

▲ 图 2-84　云夕戴家山乡土艺术酒店

▲ 图 2-85　溪山静庐古村落保护再开发民宿客房盥洗空间

3. 天花板

天花板（图 2-83）不宜做得太复杂，不宜太高或过矮，一般不高于 2.6 米，不低于 2.1 米。

4. 客房家具

酒店客房家具的造型、尺寸首先要满足使用功能，其类型、数量要与客房的类型相协调，客房家具的设计要与建筑格调相统一，应把家具设计作为酒店室内环境设计的重要组成部分，一般要和酒店建筑同时配套设计才能取得比较理想的室内环境效果。对客房家具总的设计要求是功能合理、尺度适宜、造型大方、构造坚固、制作精致、清洁方便（图 2-84）。

5. 客房色彩

酒店客房中的色彩设计要符合客人的视觉需求。人们对某些色彩的感觉存在着共性，在色彩的使用中，要注意到对于入住的人来说，酒店是个暂时的私人空间，而从酒店的经营性质来说，它又是个公共空间，因此，选择色彩，尤其是选择基调色彩，就要去寻找有共性的色彩组合，这样才能满足不同旅客的视觉需求（图 2-85、图 2-86）。

五、无障碍客房

高质量的酒店无障碍设施和无障碍的环境是酒店文明程度的重要标志，也是酒店完善服务功能、提升服务

▲ 图 2-86　溪山静庐古村落保护再开发民宿客房

质量的迫切要求。大多数人认为，酒店无障碍设施是为残疾人设置的，实际上，无障碍设施不仅是为残疾人设置的，还为老年人、妇女、儿童等特殊群体建设，它可以消除各类行为障碍，是保障特殊群体通行安全和工作、生活便利的配套服务设施。图2-87所示为某酒店无障碍客房平面图。

客房的私密性较强，客人在客房内的工作和生活起居都需要独自解决，因此，建设高标准、高质量的无障碍客房，是酒店无障碍环境建设的重中之重。

▲ 图2-87 某酒店无障碍客房平面图

（一）无障碍客房设计规范

1. 无障碍客房的位置与数量

酒店无障碍客房宜设在酒店低楼层并靠近电梯，并有醒目的标识，方便宾客找到。从电梯到客房的走道不应有高差，方便进出，餐厅、购物和康乐设施的公共通道应方便轮椅通过。

无障碍客房的数量可根据酒店客房数量确定，规范要求星级酒店每100间客房中要有一间无障碍客房，400间以下的应设2～4间无障碍客房，400间以上的应设3间以上无障碍客房。如有特殊接待任务，可适当增加。

2. 无障碍客房空间的设计

①防护上，地面应选用防滑材料，以防残疾人跌倒损伤。卫生间门应装护门板，以免轮椅的脚踏板损伤门板。

②布局上，卫生间应设于过道旁，方便出入。卫生器具的安装位置和高度应合理，便器两侧都应留有便于轮椅接近的空间。

③辅助上，在卫生器具周围安装扶手，并保证扶手的位置合适、连接牢固。卫生间内轮椅的回转半径应不小于1.5米。浴盆、坐便器、洗面盆周围应参照公共区域无障碍卫生间的设计要求设置安全抓杆。

④水龙头开关应便于拧开和关上，可采用脚踏式、长柄式、感应式开关。床体（含床垫）不高于0.5米，写字台、咖啡桌等应适当降低高度，并适当预留出便于轮椅旋转的空间。

⑤呼救上，卫生间马桶及淋浴间内、卧室床头处应安装高度不高于0.8米的求助呼叫按钮，有条件的酒店可将客房猫眼换成视频监控器，直接与酒店电视相连或者安装在特殊宾客一眼能看到的地方。同时，窗帘应设计成电动窗帘，有条件的可将各种遥控装置集合在一起，方便宾客使用。

⑥指示上，有关房间的标示应明确，特别应设置方便盲人寻找的导盲板和盲人标牌。卫生间的门上应设置能反映卫生间使用状态的标示。

⑦畅通上，卫生间室内外的地面高差不得大于20毫米，方便残疾人和残疾车顺利通过。

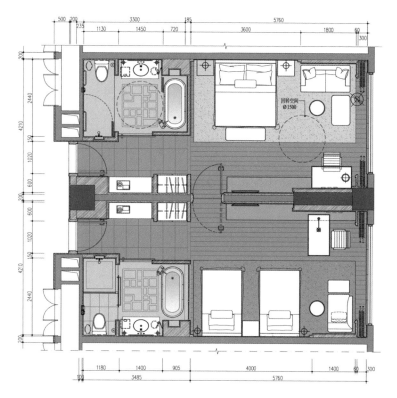

▲ 图 2-88　某酒店无障碍客房套间平面图

⑧尺度上，客房内通道应方便残疾车通过。卫生间内应留有 1.5 米 × 1.5 米的轮椅回转空间。客房的入口及床前过道的宽度应不小于 1.5 米，床的净距不应小于 1.2 米，客房卫生间的门应设计成推拉门或向外开启的方式。

除公共设施和酒店客房外，只要制约着特需宾客工作和生活的设施，都需要从无障碍的角度进行重新设计和施工（图 2-88 ）。

（二）无障碍客房设计总则

①酒店应提供至少两间残疾人房，包括一间大床房和一间双床房，位置位于最低的客房层应靠近电梯。

②电器与家具的位置与高度应方便使用，客房及卫生间应求助呼叫按钮。

③如空间允许，残疾人大床房中要设置一张沙发床。

④如果酒店房间超过 200 间，则每 100 间客房至少要设置 1 间残疾人房，位置依然要在最低客房层，靠近电梯，或者按照当地法规来设置。对于度假型酒店，残疾人房必须要有直接到达车道的通道。

⑤在外观上，残疾人房的设计基本上要与标准客房一致，只是限距、高度、设备类型和其他提供的设施要符合当地法规和国家标准。

（三）无障碍设施标准细则

①专用停车场或车位：设置残疾设施标准，车位紧靠客房。

②出入口：大门出入口处坡道的一边装有链条或扶手栏杆，坡度以不超过 8° 为宜，通向大堂、总台、酒吧、客房、餐厅、娱乐设施的通道均无障碍，并配有一定数量的轮椅，免费供残疾人使用。

③电梯：适宜安装横排按钮，高度不宜超过 1.5 米。

④客房：出入无障碍，门的宽度不宜小于 0.9 米，不宜安装闭门器或其他具有自动关闭性能的装置。门上分别在高度 1.1 米和 1.5 米处装窥视镜，门链高度不超过 1 米，床的两边装有扶手，但不宜过长，应方便客人从残疾车上上床。

⑤卫生间：入口高差不大于 20 毫米或无台阶，卫生间门的宽度不宜小于 0.9 米，门与厕位间的空间距不少于 1.05 米，洗面盆台面高度在 0.7 米左右，洗面盆台面下应无影响残疾车运行的管道等障碍物。坐便器高度为 43 厘米左右，坐便器一侧装有长度为 70 厘米左右的水平方向扶手。

⑥浴缸扶手：在浴缸边装扶手，在浴缸边的墙体上空装离地面约 60 厘米高的垂直方向的扶手一个，在高度为距浴缸平面 20 厘米左右装水平方向的扶手一个，所装扶手应安装牢固，并能承受 100 千克左右的拉力。

⑦毛巾架及挂衣钩：高度不宜超过地面高度 1.2 米。

⑧淋浴喷淋：装有一个滑动或可调节喷淋器，并配有 1.5 米左右长的金属软管。

⑨电器插座：高度不宜超过 1.2 米。

⑩火警：除装有消防喇叭等听觉报警器外，还应装有可视化火警装置。

⑪公共卫生间：保证无障碍出入，每个厕位面积不少于 1.2 米 × 0.9 米。适合装置推拉门或将门扇向外开启，厕位门的宽度不少于 0.9 米。

⑫窗帘：宜安装电控窗帘，按钮高度为 1.2 米左右。

六、酒店服务房间

（一）布草间

"布草"是指酒店用的所有棉织品。布草间与洗衣房应临近布置，并有门相通，用来存放洗净的衣物用品。洗净的员工制服应单独存放在制服间。

按防疫站要求，干、湿区要分隔，即有条件的工作间，布草间和清洗消毒区应分隔，如有条件安装拖把池，必须用隔板将其与清洗池间隔开。

1. 单层客房数 30 间标准工作间要求说明

①面积要求：标准工作间面积为 10 ～ 12 平方米（图 2-89）。

②工作间作为两个工作区域应分隔。

③内间为布草及消耗品存放区。

④布草存放区配置说明如下。

a. 布草及消耗品存放柜 1 组（图 2-90）。

b. 吊柜 1 组（图 2-91）。

c. 脏布草存放筐（塑料周转筐）2 ～ 4 个。

d. 电脑台一个（一个酒店只配一层工作间，具体由店长自定）。

⑤外间为清洗消毒区。

⑥清洗消毒区配置说明如下。

a. 清洗台安装双斗不锈钢水槽一组。

b. 操作台一组，下置垃圾桶。

c. 物品吊柜一组。

d. 双层杯架一组。

e. 清洁剂分配器一个。

f. 杯具消毒柜一个。

g. 抹布架一个。

h. 拖把池一个（与清洗池之间必须有隔板间隔，如清洗消毒区放置不下可另寻地点）。

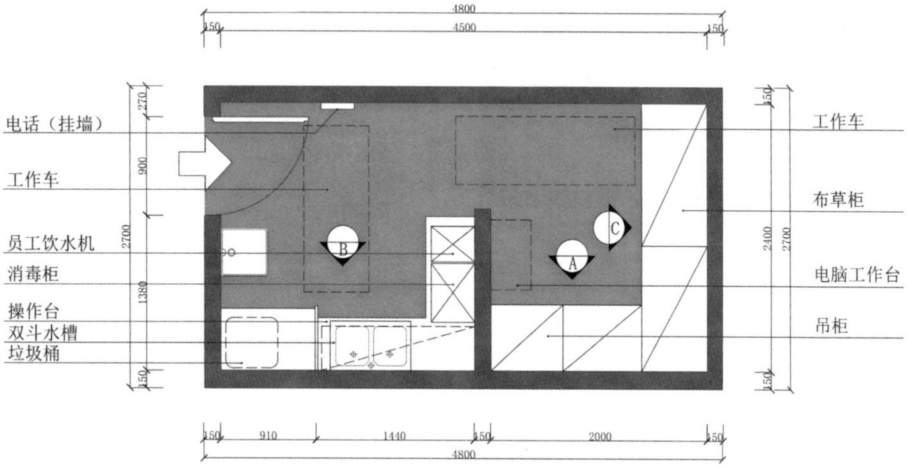

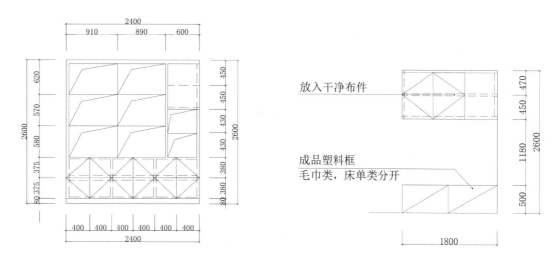

▲ 图 2-89 某酒店单层客房数 30 间标准布草间平面布置图

▲ 图 2-90 布草柜 C 立面图   ▲ 图 2-91 吊柜 A 立面图

2. 单层客房数大于 30 间非标准工作间的要求说明

①单层客房数大于 30 间（图 2-92）而楼层工作间面积过小无法满足消毒清洗、储藏需求的，可将工作间设置为清洗消毒间，布草间可在通道或其他可行区域内另行设置。

②面积要求：5 ~ 6 平方米。

③清洗消毒区配置说明与上文相同。

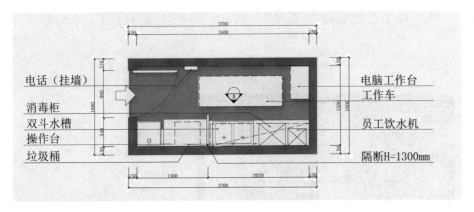

▲ 图 2-92　某酒店单层客房数大于 30 间布草间平面布置图

3. 单层客房数小于 30 间非标准工作间要求说明

①单层客房数小于 30 间（图 2-93）而楼层工作间面积过小无法满足消毒清洗、储藏需求的，可隔层设置。

②面积要求：4.5 ~ 6 平方米。

③布草存放间配置说明与上文相同。

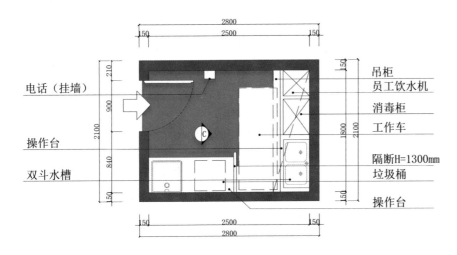

▲ 图 2-93　某酒店单层客房数小于 30 间布草间平面布置图

（二）客房部

客房部又称管家部，负责客房打扫、清洁、铺设工作并提供洗衣熨衣、排除客房故障服务。

有的酒店客房部要求建筑面积达到 120 平方米。

小型酒店一般采用集中式管家服务与布草管理。

大中型酒店采用非集中式管理，即在各客房层设服务间和布草间，并尽量靠近服务电梯。服务电梯可直接设于服务间内，但服务间应独立设置。

客房部作为酒店营运中的一个重要部门，主要的工作任务是为宾客提供一个舒适、安静、优雅、安全的住宿环境，并针对宾客的习惯和特点做好细致、便捷、周到、热诚的服务。

客房部是为客人提供住宿服务的部门，包括客房楼层、保洁员和房务中心等部门。客房部尤其要保持客房的清洁卫生和楼层的绝对安静，使客人在酒店能够得到充分休息。此外，客房部还有责任维护、保养好客房的设施、设备，保管好各种客房用品、客用物品，做好客房日常经营活动中的成本、费用控制，降低消耗，提高经济效益。

客房部的工作内容包括如下几项。

①负责酒店全部客房的房间整理、用品配备、设施保养、清洁卫生和客人住宿服务工作，保证客房用品、卫生、服务达到品牌酒店的标准。

②负责客房区域的安全与接待服务工作，严格遵守安全操作程序和各项制度，保证宾客和酒店全体人员的人身与财产安全。

③负责酒店公共及办公区域包括楼道、走廊、大堂、客厅、公共卫生间、办公室等各处的卫生，保证为客人提供美观、舒适、清洁、典雅的住宿环境。

④负责酒店各种客用消耗物品、清洁用品、服务用品等的配备、使用和日常管理工作，实行定额配备、定额使用，降低费用消耗，提高经济效益。

⑤做好本部门与酒店其他部门工作的衔接和协调工作，提高客房利用率，确保提高服务质量和工作效率。

⑥做好客房部内部各岗位的工作考核，制订各种报表，掌握工作进度，控制服务质量，分析存在的各种问题，提出改进措施，保证部门内部各项工作的顺利完成和协调发展，不断提高管理水平。

⑦做好布草收发工作，保证洗涤物品的干净平整。

酒店客房部的全体员工只有在认真履行各岗位职责的基础上，用负责的态度和饱满的热情为每一位客人提供最优质的服务，并且与酒店其他部门人员有效地沟通协作，才能让一个酒店正常高效地运行，从而为酒店创造更大的利益。

七、客房设计的理念

一个酒店的好的效益来源于好的管理，好的管理必须从好的设计开始。所谓好的设计，简单地说就是酒店的功能设计必须既方便客人使用，又方便酒店管理。好的设计必须充分体现五个理念，即人性化、实用性、超前性、经济性和艺术性（图2-94）。

▲ 图2-94　桐庐富春江畔青龙坞山谷民宿未迟·山涧房

（一）人性化——亲情化、个性化、家居化

设计必须充分体现人性化理念（图 2-95）。所谓人性化，就是坚持"以人为本"，提倡亲情化、个性化、家居化，突出温馨、柔和、活泼、典雅的特点，满足人们丰富的情感生活和高层次的精神享受需求，适度张扬个性，通过多种形式创造出使客人赏心悦目、独具艺术魅力的作品。通过细小环节向客人传递感情，努力实现酒店与客人的情感沟通，体现了酒店对客人的关怀，能增加客人的亲近感，无形中带动酒店的人气和知名度上升。

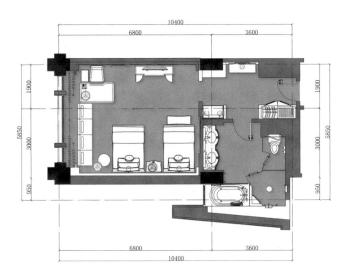

▲ 图 2-95　某酒店客房家具布置平面图

例如，一些酒店在卫生间内设电话分机，客人在沐浴、如厕的时候可以随时接听电话。应在卫生间增加等离子电视，还应增设残疾人客房、残疾人通道等，考虑各种人群的使用需要（奥运村残疾人客房）。

（二）实用性——不同的市场定位

设计必须充分体现实用性理念。酒店市场定位的不同，服务的客人群体会不同，那么对功能设计的要求也不同。设计的适用性就是要求设计的功能必须考虑不同客人的需求特点，适合不同客人的使用，同时也要方便酒店的经营管理。如果不适合客人使用，那么酒店就无法吸引更多的回头客，如果不便于酒店自身管理，那么就会增加经营成本，也无法获得好的经济效益。

（三）超前性——绿色、环保、时尚

设计必须充分体现超前性理念。所谓超前性，就是指设计要"以人为本"，统筹考虑，既要绿色、环保，又要时尚、不留遗憾。一方面要考虑原材料的绿色环保，同时也应尽可能减少投入和能源消耗。保护环境、减少污染，是人类的生存之道，酒店在为客人提供舒适的食宿条件的同时，不能以牺牲环境为代价，这是社会对酒店的要求。从酒店本身讲，要提高效益，也要节约能耗、减少投入，多使用太阳能这样的天然能源。

另一方面，要体现时尚，就要有超前眼光，要引领新潮，不要盲目照抄别人的设计，要充分考虑酒店以后的发展趋势，根据预测做出超前的设计，避免以后的重复投入。

（四）经济性——重装饰、轻装修

设计要充分体现经济性理念。酒店是企业，自收自支、自负盈亏，它要以尽可能少的投

入创造出最大的产出，这是符合市场经济规律的。所以，我们在设计上也要充分体现这一理念，重装饰、轻装修，既要考虑合理性，又要体现经济性，争取以较少投入达到最佳效果。

（五）艺术性——设计独特、创意新颖

设计要充分体现艺术性。所谓艺术性，就是要使广大宾客赏心悦目。客人入住酒店时，印象最深的往往是酒店设计的艺术性。如果设计独特、创意新颖、造型别具一格，就能给顾客留下很好的印象，增加酒店的品牌价格，给酒店带来不可估量的经济效益。

▲ 图2-96　Sound View 海滨酒店客房

人们入住酒店不只是为了留宿，还要享受愉悦的感觉，以满足他们日益变化的好奇心和新鲜感，从而跟上生活的潮流。

人们求新求异，以新奇为美，如在山区居住的人们会选择海滨度假酒店（图2-96）。

设计实训

酒店客房功能分区的整理与分析

一、设计内容

1. 酒店风格定位的分析。

2. 酒店客房功能分区与家具设计。

3. 客房主题分析。

4. 客房造型、材质、色彩、软装饰等分析。

二、设计重点

酒店标准间、套间的平面功能分区与设计。

三、作业要求

完成指定酒店的标准间、套间设计，以幻灯片展现。

第三节　酒店软装饰设计

一、软装饰的概念

室内软装陈设艺术是相对于建筑本身的硬结构空间造型而提出来的概念，是建筑空间的一种延伸和发展，一般运用形式语言来营造室内空间的氛围。软装陈设就如室外园林中的花、草、树木、山、石、小溪、曲径、水榭，是赋予室内空间灵气生机与精神价值的必不可少的重要元素，在空间中起到了烘托室内气氛、营造意境、丰富空间层次、强化室内环境风格、调节环境色彩等作用，因而成了室内设计中不可或缺的部分。

软装陈设使人的生活空间变成情感空间，常见的软装陈设物品有传统的圈椅、案几的摆放，屏风的摆放及古典挂画的挂法，以及饰品摆件、家具等，可以说人与空间的需求有多少，对应的陈列与展示内容就有多少。软装陈设艺术作为活动空间不可分割的一部分，有其自身的规律与特质，与人们的生活息息相关。软装陈设设计作为现代室内设计的四大内容（室内空间设计、室内装修设计、室内物理环境设计、室内软装陈设设计）之一，对室内设计有着重要的意义，陈设之物是赋予室内空间生机与精神价值的重要元素。

（一）软装饰的定义

软装，即商业空间与居住空间中所有可以移动的元素，这些元素的集合即软装。陈设设计即有效地设计搭配、规划组合软装元素。所有的家庭住宅、商业公共空间，如酒店、会所、餐厅、酒吧、办公室、楼盘样板间等，都需要软装陈设。软装设计是个古老的话题，却是门新兴的专业，是指传统意义上的"硬装修"完毕之后，应用易更换、易变动位置的家具与饰物对室内空间进行二度陈设与布置，将各个元素进行重新组合，打造一个新的室内空间。

软装陈设设计旨在调动空间中一切可能的元素，提升空间的整体美感，丰富人们对视觉空间的感性认识，展示空间特定的品质及个性。它不仅具有体验观赏的作用，还影响着人们的生活方式。

（二）室内软装陈设艺术品的分类

按软装陈设的使用性质，可将室内软装陈设分为两大类，即实用功能性陈设和观赏装饰性陈设。

1. 实用功能性陈设

此类陈设一般为人们在空间内从事的一切活动服务，会受到实用、尺寸、便捷等各方面条件的制约，经常受到人们近距离或零距离的观赏和触摸。因此，它们的形状造型、体量、色彩、材质、触感等方面均需精心的设计，达到使用功能与审美观赏的标准。

2. 观赏装饰性陈设

观赏性装饰陈设是以满足人们精神需求为目的的一门艺术。它自身的风格特点与摆放位置不同，形成的陈设艺术景观也会不同。常见的观赏装饰性陈设有室内环境中的摆件、织物、挂饰（挂画、壁挂、空中挂饰等），还有与初期硬装部分相结合的陈设，如雕塑、石面壁画、水景、室内园林小景等。

按照陈设设置可将其分为四小类（主要应用于公共室内空间）。

（1）主景（视觉中心的景观）

主体景观一般出现在公共的室内空间中，采用抽象或具象的造景手法，表现整个空间的主题内容，也可作为室内水景或园林景观等来设置。它通常设置在建筑空间的大堂、共享空间、大型休闲区，可能位于地面，也可能设置于主墙面或悬挂于空中，一般来说占据了较大空间。

（2）衬景（呼应主体景观）

这类景观往往是为配合主体景观而存在的，使整个建筑空间的景观有层次感，具有连贯性和完整性。它与室内硬装部分相结合或是自行组合成景，可与主景形成对景。

（3）补景（修补遮丑型）景观

此种类型适用于各种室内空间。主要通过小型的陈设对空间设计不到位、不够理想的部分进行弥补。

（4）点缀型景观

适用于各种室内空间。用摆件、绿植花艺等在合适的部位进行点缀，使整个空间的陈设更加精致完美，可更加精准地烘托空间的艺术氛围。

二、酒店软装饰的基本元素

（一）家具

家具的定义是"生活、工作或者社会实践中供人们坐、卧或者支撑与贮藏物品的器具"。室内空间中的家具的作用是表现空间的实用性、功能性与艺术性。家具除了自身所具有的特性外，还兼具划分空间的作用。家具的颜色、款式等可以迎合空间表达的诉求，起到装饰性的作用。

无论是公共空间还是居家空间，家具都是室内软装陈设艺术中的主要组成部分，有强大的实用功能，在酒店的整体空间中，家具依然是重头戏。在对室内空间进行陈设布置的时候，首先需要考虑家具的布局，有效合理的家具平面布局可以使家具功能得到充分发挥，给使用者带来最大的便利。

酒店家具可分为活动家具和固定家具两类。

①活动家具是指酒店内没有固定在墙体、地面的可移动家具，即我们传统意义上的家具，如接待台、沙发、装饰柜、套床、梳妆台、床头柜、行李柜、衣柜、休闲椅、茶几等。

②固定家具是指酒店内除活动家具外，所有木制并且与建筑主体紧密贴合的家具，如木制天花造型板类，门及门套类，床头屏饰面、围身板类，窗帘盒类，踢脚线类，固定壁橱、酒水柜、迷你吧、洗手盆柜、毛巾架类，风嘴、风口类，天花线类，灯槽类等。

家具作为酒店室内空间软装陈设重中之重的表现之一，就是它可以决定整体空间的风格与主题。在北京颐和安缦酒店（图2-97、图2-98）的空间中，这一特点表现得尤为突出。

要体现出气派，彰显传统文化，具有明清时期风格的家具是最好的选择。具有明清时期风格的家具是中国传统家具与民族形式的典范和代表，其方中有圆、圆中有方的通体轮廓，一气呵成的整体线条，细微处的曲折变化，不仅能恰到好处地表现京城的皇家特色，也契合了现代人返璞归真的审美时尚。如果选用别的中式家具，在表现地域和传统文化特色方面就会略显逊色。

客房与套房共51间，房内采用了明式风格的家具，以楠木为主材，质地温和的楠木有坚硬的气质，流畅的线条感凸显着明式家具的精致优雅。客房中配备了独立的双人床，依据房型与房内布局的不同，古典架子床、衣橱、卧榻、餐桌椅、书桌椅、化妆台、鼓墩、茶几和长凳等家具的配备也各不相同。木质的假梁、房顶、格栅窗和竹帘与造型简练、线条优美的明式家具共同营造出高雅神秘的空间氛围。枣红色与土黄色的木制品在白墙的衬托下，不仅丰富了室内空间的色彩层次，还透露着淡淡的庄重朴实。

家具之于酒店，恰似服饰之于人类。再迷人的美女亦需得体的造型搭配，才能呈现出独特的气质风采，再完美流畅的酒店硬件设施，若无与之内涵元素相匹配的家具陈设，则将前功尽弃，流于平庸。酒店家具之于酒店，不但是美丽的外衣，还是其文化脉络的延伸者，但如若未给予足够的重视，它也将是文化脉络的终结者。

每一个酒店都与其所依存的大环境构成了一个相互依托的生命体，家具的风格就建立在这个生命体之上，依存于酒店的整体风格，融入酒店的整体文化脉络，成为酒店整体的设计理念。只有这样的家具才是有生命力的家具，才是一件合体而有魅力的"外衣"。

（二）装饰艺术品

装饰艺术品历来就是空间中不可或缺的物品之一，其自身的艺术价值和装饰效果都能够很好体现空间的艺术价值。装饰艺术品拥有独特的艺术表现力和感染力，能够起到烘托室内气氛、强化室内空间特点、增添审美情趣、实现室内的和谐统一等重要作用。

▲ 图2-97 北京颐和安缦酒店的公共空间

▲ 图2-98 北京颐和安缦酒店客房空间

▲ 图 2-99　南京园博园悦榕庄酒店雨之林

▲ 图 2-100　南京园博园悦榕庄酒店雨之林

室内空间中的装饰艺术品大致可分为两大类，第一类是装饰工艺品类，第二类是挂画类。

装饰工艺品按其材质大致可分为陶瓷工艺品（中式陶瓷、外国陶瓷），树脂工艺品，玻璃、水晶、琉璃工艺品，金属工艺品，木制工艺品等。

挂画类则可分为中国画、西方绘画和现代装饰画。中国画按题材划分为人物画、山水画、花鸟画、民俗画等，按材料和表现手法分为写意画、工笔画、泼墨画、白描画等。西方绘画主要以油画、版画、素描、水粉画为主。现代装饰画则是在新材料及技术的影响下诞生的新兴装饰挂画，主要有印刷品装饰画、装置艺术装饰画、实物装裱装饰画等。

其中酒店空间中的装饰艺术品就是利用上述艺术品对空间进行氛围的打造，赋予酒店空间完整的精神功能。在酒店软装饰设计中，装饰画是墙面极佳的搭配，几幅美观、雅致的装饰挂画能够对空间起到画龙点睛的作用，在选择挂画时首先要明确室内装修风格，从而选择与之相配的挂画。装饰工艺品的陈设对室内的空间气氛调节有很大作用，所以陈列和摆放的方式十分重要，不宜过多过杂，不可随意填充和堆砌。无论是装饰画还是工艺品，合理、细致的搭配能很好地形成层次感，打造视觉中心点。除了我们日常看到的装饰艺术品外，还有许多物品亦可通过对图案的变换而起到装饰的作用。

南京园博园悦榕庄酒店的雨之林是一个非常好的例子（图 2-99、图 2-100），虽然经过人为开采后的石灰岩壁疮痍满目，但扑面而来的恢宏气度依旧给人强烈的震撼。经过岁月洗礼，采石场的岩层间已悄然长出植物，与冷峻的石壁组成漂亮的景象，让整个采石场的岩壁看起来好似一幅大自然的山水画卷。让空间的生命力得以延续，是地域及历史的载体。

酒店的设计师将自然的汤山山石引入室内，石块之前在风蚀雨侵中变得残缺，其不规则的表面是自然留下的痕迹，让室内环境与自然完全相融。同时，这也是对场地精神的绝对呼应，三者一起勾连着自然地域的记忆。诗意的呈现、质朴的雕琢、当代的艺术要做到自始至终繁而不乱、繁简有度，艺术品"汤山之眼"触发了人们的记忆开关，衔接起设计与人文的故事篇章。

设计者如果能够根据各区域功能的不同进行合理的设计、巧妙的安排，将使酒店既富丽堂皇，又如博物馆一样有着丰富的文化内涵，容纳古往今来的艺术珍品，给宾客以美的享受。

（三）灯饰

灯具近年来不再单纯作为生活必需品而存在，不同类型的灯具在不同环境下所呈现出的效果，对空间塑造有不同的作用。不同的灯具能为空间营造出不同的光影效果。

灯具分为两种：一种是固定式灯具，如吊灯、吸顶灯、壁灯、镜前灯、射灯、筒灯等；第二种是移动式灯具，如台灯、落地灯、烛台等。

随着生活品质的改善，人们对室内软装陈设的要求也在逐步提高，作为软装陈设的一个重要类别，灯具在装饰造型这方面的发展也日趋完善。灯具的风格派系是按它的造型、色彩和材质来进行区分的。在进行室内软装陈设元素选择时，灯具的选择往往是装饰设计中的难题。市场上的灯具造型虽然千差万别，但也离不开三大类：仿古、创新及实用。在选择灯具颜色的时候，需要从整体层面进行考虑，灯具颜色应与整体空间的色彩相协调。灯具本身发光，加上色彩的应用，就更加引人注目，利用光色来调节室内的色彩，属于高端的装饰手法，所以设计师一定要根据需要达到的艺术效果进行仔细斟酌。在酒店中，设计师应根据酒店的文化内涵选择相应风格、造型、色彩、材质的灯具，对空间进行照明与装饰。意大利 Palazzo Pianca 酒店（图 2-101）中，隐藏灯带与精致的吊灯、台灯搭配，打造出了不同的光线强度，氛围舒适。

▲ 图 2-101　意大利 Palazzo Pianca 酒店

酒店对室内灯光的要求至少应达到以下四点。

①室内灯光要有实用性，要能满足室内空间的日常活动和使用功能的要求。

②要能营造出符合客人心理需求的环境氛围。

③要能营造出宜人舒适的环境，增添酒店空间的艺术美感。

④要因地制宜地选择照明装置，注重灯具的节能环保性。

（四）布艺织物

布艺是室内空间中的"流动的风景"，既能够柔化室内空间中的硬质线条，同时又能增加空间中的质感，并且能很好地降低室内的噪声、回声，营造安静、舒适的室内空间氛围。

软装饰设计中的布艺主要有窗帘、床上用品、抱枕、地毯等，由于材质、颜色、风格不同，其所以呈现出的效果也不尽相同。其中室内布艺的材料可按纤维面料和布艺面料进行划分，设计师可利用不同材料布艺所呈现出的不同效果进行有针对性的搭配。

相对于室内软装陈设的其他元素，布艺织物是一种可塑性极强的设计元素，它的用途要远远多于其他装饰素材。布艺织物不仅能够缓和室内空间过多的直线条带给人的刚硬感，还能与之互补，刚柔并济，给室内的空间装饰增添许多情趣。同样的室内空间，采用不同色彩、图案、材质的布艺织物所呈现出的最终效果完全不同，所以，改变室内格调的最快速有效的方法就是对整个空间的布艺织物进行再设计（图2-102）。

▲ 图2-102　雷克雅未克 EDITION 酒店

一般来说，公共空间对布艺织物质地的要求是至少要满足防晒、不褪色、防火安全等需求。酒店空间若定位很高，那么它对软装陈设的元素自然也会要求很高。酒店在选择布艺织物方面还应遵循以下三个方面的要求。

1. 可塑性

一般来说，以中性感觉为主题的布艺织物的可塑性是最强的。即使空间的硬装风格、家具风格不变，靠包、窗饰、装饰花边、搭巾、地毯等不同织物也能改变整个室内的风情，令人耳目一新。而更换这些织物无需大费人力、物力，在所有的室内软装陈设装饰元素中，布艺织物是最便捷省力、最有效的设计元素。

2. 适用性

酒店空间的装饰布艺不仅要符合高雅的审美需求，而且要舒适宜人。尤其是酒店的房间设计，需要考虑宾客在这个空间中的生活方式和需求，房间里的窗饰、床品、搭巾、靠枕等，都与宾客直接接触，在视觉和触觉上的设计都值得深入考究。只有细密周到的设计才能带给宾客舒适感和与归属感。

3. 耐用性

众所周知，布艺织物在室内装饰方面的用途很广，常用的图形花纹、中性色彩的布艺的耐用性能够经得住时间的考验。深色或者浅色的布艺则很容易显现出灰尘和污渍，所以在设计时如无必要，应尽量避免选择这种色系的布艺。织物是否耐用牢固基本取决于它的纤维、丝线用料和编织结构等因素，因此要求室内软装陈设计师要懂得布艺的面料和织法等，这样才能更到位地运用布艺织物这一元素装饰室内空间。

Dusit D2 酒店（图2-103、图2-104）位于泰国家庭度假的热门省份之一华欣。其以泰国花纹为名，贯穿室内设计元素。对酒店空间起到装饰作用的布艺织物类别有窗帘、地毯、座椅与抱枕。

▲ 图2-103　泰国 Dusit D2 华欣酒店（一）

▲ 图 2-104　泰国 Dusit D2 华欣酒店（二）

室内空间以轻快的氛围和简单的基调贯彻了整体设计，布艺的应用则融合深色元素和现代形式。室内设计的灵感来自于泰国的花纹，每朵花在泰国信仰中都具有不同的含义，并被放置在不同的区域。莲花是泰式花纹的原型，贯穿整个空间区域；Lamduan 有着勾起思念和精神饱满的隐喻，位于大堂；Jork 是以泰国甜点之一命名的，位于全天用餐区和功能室；Si Gleeb（四瓣花）的形式来自于被称为花之王子的"Cham-pa"和香味能唤起略带神秘但平静的心绪的"Kudan"，其两者都为客房的室内设计与布艺装饰带来灵感。这些花的曲线线条和成分都被简化并应用于室内空间的设计元素中。

　　酒店空间中布艺的出现在一定程度上增加了室内空间的温馨感与舒适度。设计师可以在酒店设计中根据硬装饰总体风格，根据室内空间硬装饰的主体色调、施工材料等方面选择与之相适应的布艺产品进行搭配，使得空间更加完整，让风格彼此呼应。例如，酒店客房空间中的床上用品一贯选用的是传统白色床单、被套，为了优化空间效果和与硬装饰风格相契合，我们可以选择和硬装饰相似的颜色、花纹的床上用品。作为酒店空间中的床上用品，除满足美观的要求外，更要有舒适度，布艺面料需要具有很高的抗撕裂性、耐磨性和吸水性。

（五）花艺及绿化造景

　　现代人越来越崇尚对自然的亲近。在全民倡导绿色可持续发展的大环境下，更多的室内设计师把设计重点转向室内绿化陈设这部分上。由于不同的地域的气候和温度的差异较大，所以每个地方的植被种类会有一定的差别。绿植一般出现在酒店的大堂中，在选择种类时需考虑与整体氛围是否搭配。

　　绿化陈设（图 2-105、图 2-106）根据其发展方向主要分为两类：绿叶陈设、花艺设计。

▲ 图 2-105　白井屋酒店大堂

▲ 图 2-106　白井屋酒店客房

绿叶陈设是我们在传统的室内陈设设计中接触比较多的，主要包括绿植、盆景、插花等。绿叶陈设可以帮助酒店净化室内空气并在室内空间中增添生机盎然的气氛。软装饰中使用绿叶陈设是对植物天然的外观造型、功能作用的再度利用。花艺设计是以花材为主要素材，通过艺术构思和剪裁、摆插来表现自然美与生活美的一门艺术。

绿色植物、装饰花卉要根据室内装饰风格、空间特点进行摆放。例如，以中式风格为主的室内风格崇尚庄重和优雅，讲究对称美，体现出浓重成熟、宁静雅致的氛围。这样的环境适合摆放兰草、青竹等。

酒店空间适当摆放合适的绿色植物、装饰花卉，可以起到柔化空间、增添生气以及组织空间、引导空间等作用。但是在实际运用中，一定要在不同的功能区域内摆放贴切的绿色植物，如客房空间内不宜摆放香气过于浓郁的花卉（玫瑰、百合、夜来香等），因为这类花卉的香气过于浓烈，会导致客人在晚上休息时无法正常入眠，所以设计师要对软装饰中的花卉装饰进行细致的了解，使得装饰花卉、绿色植物发挥其自身的最大优势，为空间增添活力与生机。在不同地域的酒店中也可选择有当地特色的绿色植物、装饰花卉，来增添客人与当地环境的亲近感。选择不同的绿色植物、花卉进行搭配，营造出人与自然共融的生活氛围，可以体现出酒店细腻、用心的服务。

▲ 图 2-107　杭州钓鱼台酒店（一）

▲ 图 2-108　杭州钓鱼台酒店（二）

三、酒店软装饰的风格

（一）不同地域类型下室内软装饰的设计风格

1. 中式风格

中式风格（图 2-107 至图 2-109）以极具东方特色的艺术软装饰在室内空间中烘托气氛，中国传统室内装饰艺术的特点主要体现在布局均衡、端正稳健这两方面。庄重典雅的气度和潇洒飘逸的气韵则是中式风格两种品质的表现，中式风格在细节装饰上崇尚自然情趣，富于变化，体现了中国传统美学精神。陈设主要包括字画、瓷器、古玩、盆景、博古架等，这类软装饰品的工艺制造普遍体现了精雕细琢、崇尚自然等特点。

▲ 图 2-109　深圳柏悦酒店

中式风格近年来受到国内外设计师的一致追捧，也由此诞生了新中式风格。新中式风格不同于传统中式风格的严谨有序的特点，在颜色运用上以现代居住空间中普遍使用的色彩为主，将中式风格的家具、装饰物进行再设计，保留其艺术精粹，是将现代与传统进行糅合的一种新兴装饰风格。

2. 欧式风格

欧式风格的内涵非常广泛，包含了罗马式风格、哥特式风格、文艺复兴式风格、巴洛克式风格、洛可可式风格、新古典主义风格等。

①罗马式风格产生于公元前27年的罗马皇帝时代。室内装饰由朴素、严谨的共和时期风格转向奢华，室内软装饰品大多从具有古希腊风格的家具、布艺演化而来，具有浓厚的历史厚重感，家具普遍带有装饰复杂而精细的特点。

②哥特式风格最早从建筑风格演变而来，家具的样式模仿建筑拱形线脚，其软装饰通常使用金属格栅、门栏、木质隔间、石头雕刻的屏风和烛台等。大多数哥特式风格的室内软装饰品呈现出华丽、色彩繁多的特点，精美的刺绣帷幔和床品也都是其风格的典型代表。

③文艺复兴式风格。现代西方设计风格的受文艺复兴时期的艺术风格影响较大。这一时期的室内家具多使用直线样式，搭配古典的浮雕图案。大量的绘画、雕塑艺术品被陈列于家中。

④巴洛克风格（图2-110）是产生于文艺复兴之后的一种艺术形式，在室内空间中追求复杂的曲线，造型夸张且极大程度上追求装饰性。富丽堂皇、极尽豪华是巴洛克风格最好的代名词。

⑤相对于巴洛克风格的硬朗、丰丽而言，洛可可风格则追求空间的柔媚、细腻和纤巧，以华丽、纤巧、轻快和故意打破对称、均衡、质朴性为特征。其在室内软装饰中大量使用花环、花束之类的纹样。洛可可风格在室内灯具的搭配上，以大量的水晶为代表，

▲ 图2-110　大连一方城堡豪华精选酒店

桌面摆放丰富的装饰构件，家具用玳瑁或进口木材作为贴面，或用镀金的厚铜皮包住易磨损的地方。

⑥新古典主义风格（图2-111至图2-113）起源于路易十六时期，部分延续了古典主义风格，同时摒弃了其复杂的肌理和装饰。该风格在室内的空间布置中十分注重陈列效果以及人体的舒适度，并且开始强调功能性。新古典主义风格与文艺复兴时期的软装饰风格十分相似，家具的选择以深色为主，样式却较为简单和朴素。空间中铁艺和黄铜的华丽烛台、蜡烛吊灯、铁艺窗格等十分常见。

▲ 图 2-111　伦敦文华东方大酒店

▲ 图 2-112　巴黎克里隆酒店

▲ 图 2-113　巴黎瑰丽酒店

3. 美式风格

美式风格（图 2-114 至图 2-117）与美国传统家居生活密不可分，强调生活方式的简约、舒适，美式风格软装设计大量使用手工元素，旨在打造温馨舒适的生活氛围。近年来，其具有代表性的软装饰设计手法被广泛使用。美式风格酒店根据不同的节日、季节来更换室内软装饰搭配，以此打造生活空间的多样性。美式风格酒店的家具和布艺的材质多选择自然材质。带有花卉纹样的沙发布艺、靠枕等，都是美式风格最经典的体现。

▲ 图 2-114　得克萨斯州丘陵区洞穴酒窖

▲ 图 2-115　新奥尔良 ACE 酒店　　▲ 图 2-116　纽约瑰丽酒店　　▲ 图 2-117　比利时八月酒店

4. 日式风格

　　日式风格（图 2-118 至图 2-121）的装修特点是淡雅、简洁，用清晰明了的线条展现居室中的清幽、优雅，追求最大程度的精简。木质材料配以大面积白色，强调了自然色彩的沉静和造型线条的简洁。日式家具清新自然的特点展现了独特的艺术风格。

▲ 图 2-118　京都 ENSO ANGO 酒店（一）

▲ 图 2-119　京都 ENSO ANGO 酒店（二）

▲ 图 2-120　东京 Sorano 酒店（一）

▲ 图 2-121　东京 Sorano 酒店（二）

5. 地中海风格

　　地中海风格（图 2-122 至图 2-124）是一种充满浪漫情怀的软装饰搭配风格。白色、蓝色、黄色都是地中海风格的代表颜色，将异域风情展现得淋漓尽致。地中海风格在室内空间中需要运用大量的弧线进行装饰，在室内布置上应选择以手工制作为主的装饰物品进行装饰。木制工艺品和含有民族图案的布艺制品是室内软装饰设计中选择地中海风格时的最佳搭配。

▲ 图 2-122　希腊 Myconian Avaton 酒店（一）

▲ 图 2-123　希腊 Myconian Avaton 酒店（二）

▲ 图 2-124　圣托里尼 Saint Legendary Suites 酒店

6. 东南亚风格

　　东南亚风格（图 2-125 至图 2-127）是地域特色非常突出的一种装饰风格。具有异域风格的室内装饰物与室内布艺制品的娴熟运用与搭配，既体现了神秘的东方文化意蕴，又体现了令人难忘的异国情调。东南亚风格的特色就是大量使用自然元素以及明亮色调，带给人们美好的视觉享受。例如，使用棕榈、藤蔓编织成的装饰物品等，体现出了异域、休闲的空间特色。

▲ 图 2-125　巴厘岛苏嘉巴东度假村（一）

▲ 图 2-126　巴厘岛苏嘉巴东度假村（二）

▲ 图 2-127　巴厘岛苏嘉巴东度假村（三）

（二）不同现代空间艺术流派下的室内软装饰设计风格

1. 混搭风格

混搭风格（图 2-128、图 2-129）是在对多种风格进行浓缩、提炼后创造出的一种新兴装饰风格，它是在室内空间中对各种风格迥异的软装饰品进行重新组合后产生的一种特别的空间效果。这种将各类物品中的精粹进行糅合、搭配的设计风格，体现了当下对室内风格有所追求的年轻人的一种创新精神。

▲ 图 2-128　米兰 Giulia 酒店（一）

▲ 图 2-129　米兰 Giulia 酒店（二）

2. 简约风格

简约风格（图 2-130、图 2-131）最大的特点就是简洁明快、大方实用，是近年来颇受大众所追捧的装饰风格。简约风格的特点是将设计元素、色彩使用、原料材质简化，摒弃了原来过于复杂的装饰美学、奢华的修饰和琐碎的功能，用简洁的线条装饰出安宁、平静的生活空间，让人们体会到真实的生活之美。

▲ 图 2-130　意大利 I Portici 酒店（一）

▲ 图 2-131　意大利 I Portici 酒店（二）

▲ 图 2-132　南京金鹰世界 G 酒店酒店大堂吧

▲ 图 2-133　南京金鹰世界 G 酒店客房

3. 装饰艺术风格

装饰艺术风格（图 2-132、图 2-133）具有现代感和时尚的特点，这类装饰风格多使用新兴的、高科技的、时尚的材料。它包含大量流畅和锐利的线条，运用几何抽象样式和形成对比的颜色，时代感尤为突出。

4. 波普艺术风格

波普艺术（图 2-134、图 2-135）是"大众艺术"的简称。在美国，波普艺术十分发达，人们将广告、招贴、商标、卡通漫画等直接作为装饰艺术品，放在室内空间中，从而形成一种独特的室内装饰。这一类型的题材多取自日常生活，并运用大量明艳鲜亮的颜色作为色调，夸张与造型感十足的家具是波普艺术的代表。

▲ 图 2-134　悉尼奥华 Woolloomooloo 酒店（一）

▲ 图 2-135 悉尼奥华 Woolloomooloo 酒店（二）

5. 孟菲斯派艺术风格

孟菲斯派（图 2-136、图 2-137）经常用新兴材料以及明亮的色彩、图案对经典家居进行改造，同时注重对室内空间中风景的布置。其打破了传统观念中横平竖直的线条形式，多采用波形的曲线，用不受约束的线条打破沉闷的空间布置，具有很强的随意性，给人很强的视觉冲击。

按现代空间艺术流派划分室内软装饰设计风格，由于其针对性不同，所以划分出的种类也不同，其中也有部分学者将软装饰流派划分为高技派、光亮派、白色派、超现实派、解构主义派、装饰艺术派等，但是任何一种划分手法都是基于软装饰对空间表现效果的展示作用确定的。在实际运用中，软装饰的服务对象是不同的室内空间，设计师在明确设计主题后，应按照预期设想的设计风格进行软装饰的搭配，挑选符合设计风格特色的物品，从而打造具有明显风格特点的软装饰搭配，为室内增添生活情趣，烘托空间气氛。

▲ 图 2-136 毛里求斯帕尔马之盐酒店（一）

▲ 图 2-137 毛里求斯帕尔马之盐酒店（二）

四、酒店主要功能区域的软装饰设计

酒店是一个复杂的公共空间，其内部功能空间的安排各有不同，通常情况下酒店也包括了以下几个主要部分：大堂、餐饮空间、走道、楼梯间、客房、多功能厅、会议室、娱乐空间等，在实际工程设计中，酒店会根据自身性质以及规模大小在功能区安排上做增加或删除。

不同类型的酒店通过对各个空间环境的塑造体现自己的特色与文化，软装陈设风格决定了最终的酒店特色。酒店可根据自己的目标客源，以舒适为必要条件，在设计方法上独辟蹊径。

（一）大堂区域的软装饰设计

大堂是酒店必不可少的公共空间，是人们进入酒店后所接触到的第一个空间，它承载着多种功能。它是整个酒店的交通枢纽，其整体装饰效果直接影响着人们对酒店的印象，它还是酒店展现自己独特个性的重要部分，酒店大堂的装饰风格代表了整个酒店的设计取向。

1. 空间特点

酒店大堂是由多个子系统组成的较大的功能空间，集流通、聚会和等候功能于一体，是整个酒店所有活动的中心。一般情况下，可以将酒店大堂分为门厅、中庭、总服务台、休息区、走廊、电梯前厅及一些辅助空间的前厅。因为各酒店体积大小与功能、文化定位有所不同，所以酒店大堂所包含的一些功能空间在设置上要有取有舍。大堂规模的大小决定了酒店的档次，也与酒店客房数相关联。从观察得知，客人到达酒店后的行动路线的一般规律是先由门厅进入酒店室内，进而到达服务台办理入住手续，也有部分是在休息区等待或是在大堂吧消费，或是从前厅准备步入某个功能空间，或者是在办理完入住手续或外出归来后通过走道进入电梯前厅，再去房间。

2. 布局原则

大堂的整体布置主要考虑两个方面，分别是实用性与视觉效果。大堂为人流较为密集的场所，设计师应按各组成部分的功能不同分别进行装饰。在使用功能上，休息区、大堂吧以休闲为主，服务台以退订入住、临时寄存为主，走道以指引为主。按照不同的使用功能，酒店应添置相应的辅助陈设；在空间流线设置上，大堂的陈设布置整体应以不影响人的活动流线为总原则，并起到对空间进行界定以及引导的辅助功能；在审美上，以体现酒店文化、营造舒适氛围为总原则。从顾客在酒店大堂的行为习惯中我们可以看出，大堂的软装及陈设物品主要满足静态的观赏需求，要具有一定的视觉感染力，给顾客留下深刻的第一印象。

总体来说，酒店室内软装是对空间造型、比例尺度、色彩构成、发光强度、光照强度、材料质感等诸多因素的合理规划和组合。

3. 具体陈设

（1）服务台的软装饰

在酒店大堂中，前台是服务台与服务台后的背景墙，通常被视作一个整体来处理。服务台是大堂中最为重要的功能区域，也是最受瞩目的部分，一般位于大堂的中心部位或是角落，本身就可以被看作一件陈设物品。服务台要根据酒店的功能与文化定位而定，其体积大小应依照整体空间大小应来设计。服务台及背景的陈设直接影响顾客对酒店的整体印象和心理定位。

档次高的酒店大堂除了服务台，还设有大堂经理桌，方便提供人工咨询服务，一般位于大堂一侧比较明显的区域，独立且安静，通常情况下临近休息区，以便顾客询问。一般陈设内容涉及经理桌、宾座椅、工艺台灯、鲜花等装饰性陈设及电话等功能性陈设物品。

　　受建筑影响，酒店大堂的层高与面积是不同的，在布置上，采用自由或是中规中矩的对称设计，软装饰及陈设物品的选择首先要满足功能需要，其次要满足装饰需要，大型的装饰陈设物品与空间的整体之间应存在一定的联系，使得整个空间不至于产生凌乱感。点缀其中的小型装饰陈设物品起到了活跃气氛的作用，各种陈设物品在比例上也要根据大堂的规模而定，设计师通常会利用绿植、装置、吊灯等填充大堂空间中部的视觉空缺。

　　（2）大堂休息区的软装饰

　　大堂的休息区域可以分为两种类型，一种是纯粹的休息区，另一种是带有消费功能的大堂吧，休息区域通常位于酒店的中心位置或是大堂的一角，其面积视大堂总面积而定，功能以休闲为主。在对此功能区域进行设计时，一般采取特殊的处理方式，即不设置固定、封闭的隔断，使其看起来与大堂融为一个整体，但为了区分其功能性质的不同，会运用家具、地毯、装饰柜、盆栽等陈设物品对其进行空间暗示。

　　苏黎世 Radisson 酒店大堂休息区（图 2-138）旨在为客人们提供实用、优美且难忘的社交场所和入住空间，带来家一般的氛围。中央的社交空间摆放着舒适的扶手椅、高背沙发和咖啡桌，可用于富有创意性的合作办公和集体会议。宽敞的空间与令人印象深刻的观感使客人们流连其间，促成了他们进一步的交流与沟通。大堂的墙壁和二层的窗户使用了相同的板条系统，垂直的分隔元素使二层空间变得形象化。深灰色的木质饰面和灰色的水泥地砖体现了瑞士的极简设计风格，同时与鲜艳的家具和定制壁画形成对比。

▲ 图 2-138　苏黎世 Radisson 酒店大堂休息区

　　纽约 Moxy East Village 酒店（图 2-139、图 2-140）中的大堂吧是一个洞穴般的私密空间，采用桶形穹窿天花板。天花板上的 LED 灯带不仅强调了天花板上的酒瓶装饰，更突出了吧台空间，此外这些灯带还可以改变颜色，从而为不同的活动营造出不同的空间氛围。老式的灯具和珠宝色的长条软垫座椅为酒吧增添了几抹暖意，而极具田园气息的内墙饰面也进一步暗示了纽约的乡村历史。此外，酒吧还设有一系列其他的豪华设施，如带有镜面台面的石制吧台和贵宾用餐区里带有皮革浮雕装饰的红色天鹅绒座椅等。

　　有些酒店的大堂休息区与大堂吧是一体的，他们都是提供休闲、休息的场所。单体家具在陈设上多采取对称或自由灵活的组合方式，意在创造宽松但具有私密性的小单元；套体采用自由的布置手法，并留有一定的间距，并在解决通行问题的基础上营造了私密空间。这样的形式能令顾客在休闲之余从心理上产生无拘束的舒适感，设计师通常也会在其中点缀一些绿色植物陈设，在生态上，考虑到酒店是一个恒温空间，空气流通欠佳，植物可以起到净化

▲ 图 2-139　纽约 Moxy East Village 酒店大堂吧

▲ 图 2-140　纽约 Moxy East Village 酒店大堂吧"洞穴"空间

空气的作用；在审美上，绿色植物可以填补空间的空白，使空间没有空缺感，有时也承担一定的空间引导功能。

（3）大堂中庭的软装饰

中庭是大堂中最为出彩的部分，并不是所有酒店都包含这一功能区，由于中庭所占的空间面积较大，因而设计、建造和维护成本也较高。酒店一般根据酒店规模、投资定位情况决定是否设置中庭以及它所占空间的大小。

南京金鹰世界 G 酒店的中庭展示区为五层挑高空间，是直达空中酒吧的电梯厅。13 米的挑高墙体，以炫彩玻璃拼接呈现出余晖映水的金色光影效果，给宾客带来令人震撼的视觉冲击。乘坐电梯缓缓而上，激滟水波仿佛触手可及，如梦似幻。13 米的 LED 屏贴合电梯，酷炫的效果优化了整体空间氛围，也赋予了电梯厅多媒体中心的功能，可以用于打造开放式展览或举办发布会（图 2-141）。

中庭是酒店中通透并高大宽敞的空间，属于酒店中的过渡空间。其空间场景布置形式多样，在横向与竖向的空间表达上都可以容纳丰富的设计语言。中庭陈设在布置上借鉴了室外环境的处理手法，如植物造景、假山瀑布、室外灯具、室外家具等均可引入室内软装陈设范围之中。中庭的四周界面不宜过于板正，自由的结构造型方式、悬挂织物、工艺灯、雕塑的运用可以使空间整体更显活泼。在陈设物品尺度上，受中庭垂直跨度的影响，陈设于中庭的物品在体量上要与整体环境相协调，因此相对其他室内陈设物品体量来说会稍大。常见的处理手法是围绕高大室内绿植自由摆放休闲座椅，也可以用软织物搭配藤条椅，也可以用大型的雕塑搭配具有设计感的椅子，这种大型装置通常会被做特殊处理，以突出视觉中心。

▲ 图 2-141 南京金鹰世界 G 酒店中庭展示区

（二）餐饮区域的软装饰设计

1. 空间特点

酒店餐饮空间是酒店中的必备空间，是为顾客日常进餐提供便捷的场所，也是方便顾客交流的辅助场所。现代酒店中的餐饮空间除了应具备作为饮食场所的客观功能以外，还必须在空间环境上满足现代人对精神文化的追求。

2. 布局原则

餐饮空间中的桌椅组合形式应多样，以满足顾客的不同需求。不同地区的饮食文化影响着餐饮空间的陈设、室内色彩等要素，陈设的布置应与空间整体装修情况统一，陈设中大到桌椅、柜体，小到餐具、菜单，在彰显个性的同时也要相互协调，与酒店的整体风格保持一致。

3. 具体陈设

（1）中餐厅的软装饰

中餐厅一般分大厅与包间。包间的数量没有限制，但根据目前社会高档餐厅的发展趋势，包间数量的占比有所上升。中餐厅的装饰风格既可以很传统，用传统的装饰语言来营造文化氛围；也可以很现代，没有一点中国的元素。但总体上看，中餐厅的装饰比其他类型的餐厅的装饰要豪华和热闹一些，这样才比较符合中国的饮食文化。

东莞洲际酒店中的餐厅（图2-142、图2-143）的设计灵感来自可园中的"擘红小榭"。青石铺地，从岭南建筑中提炼出窗花、格栅等元素，其镂空线条维持了空间的通透，独特的形态与寓意被运用在设计元素中，为享用美食的时光再添意趣。产自东莞本土的红砂岩，在岭南园林的

▲ 图2-142　东莞洲际酒店全日餐厅

▲ 图2-143　东莞洲际酒店中餐厅

青灰色调中为空间增添了一抹亮色。中餐厅内红砂岩般靓丽的红色墙面，回应了东坡笔下的"日啖荔枝三百颗"，在窗外"罗浮山下四时春"的青墨绿景的衬托下，不但寓意讨喜，在视觉上也是充满生机。

（2）西餐厅的软装饰

西餐厅的设计往往比中餐厅灵活，主要是因为西餐厅中一起用餐的人数较少，并且用餐方式属于分餐制，每个人只需面前的一小块地方就可以，所以西餐厅餐桌面积一般会比中餐厅的小很多。西餐厅的装饰风格以欧式传统风格和现代风格为主。如果装饰倾向于某一时期的风格特点，那家具的造型和风格也要配合这一时期的样式。西餐厅的家具有固定式和移动式两种，以移动式为主，也有固定的有基座的餐桌及如火车座椅般长条形的软座。传统西餐厅用的餐椅往往都有软包，比较讲究。西餐厅的座椅一般都会选择耐磨、易清理的材料，色泽和花纹要选择可以掩饰污迹和其他微弱变化的样式。

（3）宴会厅的软装饰

宴会厅多为举办大型宴请活动或安排顾客日常午餐及晚餐而设置，通常情况下是相对独立且封闭的空间，在家具布置上，主要有餐桌椅、酒水柜台等。家具在组合形式上，为集中式或组团式分布，尺寸大小依空间大小和功能定位而定。

杭州泛海钓鱼台酒店宴会区（图2-144）秉承中西融合的理念，以现代的手法、内敛的方式诠释一个极致韵味的写意空间。内厅墙面以暖米色皮革轻轻铺置，嵌入金属配件，高度为2.2米的壁灯立墙，丰富了空间语言，天花吊灯以一种别样的形态凌驾于空中。临江的全景玻璃窗格吸收了古都杭州的文化元素，文化的气息在空间中弥漫。

▲ 图2-144　杭州泛海钓鱼台酒店宴会厅

从细微处发掘变化。宴会厅包间（图
2-145）不再以严谨的姿态存在，而被设计者
别具匠心地添上了橙红色，中式的竖幅书法以
悬挂于墙上，对墙以黑白水墨为底，图面为西
湖景致，面上刺绣为红杉树，高挂的窗帘、铺
置的地毯在暗红、深红、绛红、橙红等不同的
色系和不同的表皮肌理下有一种和谐之美，对
空间做了有趣的诠释。

▲ 图 2-145　杭州泛海钓鱼台酒店宴会厅包间

　　总体来说，餐饮空间中的桌椅组合形式应
多样，以满足顾客的不同要求。例如中式餐厅
讲究的是厚重，陈设物品应具有中国特色或地
方特色，喜庆的贴画、宫灯、瓷器、龙形图案
等，都是极具东方韵味的元素，设计者应根据
酒店主题定位的不同，以现代的处理手法进行
设计，使其满足现代人的审美需要。欧式餐厅表现出的是优雅宁静之感，美妙的织物、精致
小巧的古典餐具与灯饰再现了欧式的生活情调。除此之外，设计风格还有热情浪漫的意式风
格、精巧而富有禅意的日式风格、阳光柔情的地中海风格等。

（三）客房区域的软装饰设计

1. 空间特点

　　现代酒店客房在保证舒适的前提下，不断地追求创新，打造了多样的"概念客房"，例
如，健身客房、"睡得香"客房、精神放松客房、绿色客房等一系列名目繁多的客房。

　　客房是整个酒店最重要的组成部分，酒店的主要功能就是为宾客提供休息，酒店客房的
品质直接影响了宾客对酒店的评价，决定了酒店的市场竞争力。客房是为宾客提供休息、会
客等一系列私密性活动的空间。现在酒店市场上的客房类型可分为标准间、单人间、双人
间、商务套房及一些有着特殊意义的客房，如总统套房、个性房等，可以满足不同客人的不
同需要。现代客房中普遍包含了睡眠空间、书写空间、起居空间、盥洗空间及储藏空间等。
客房内要求环境整洁舒适，根据不同的档次和内容要求，呈现不同的装饰风格与装饰程度。
客房中的陈设物品是最能体现酒店服务细节的地方，其中包括普通陈设与科技型陈设等一系
列为客人服务的陈设品。总体来说，酒店客房是文化内涵和技术结合体现，其质量的好坏直
接影响了酒店在市场中能否立足。

2. 布局原则

　　客房的主要目的是营造家一般的氛围以吸引顾客，应贯彻以人为本的设计总原则，客
房设计应具有很强的系统性、艺术性和功能性。一般的客房空间以床为整个空间的视觉中心
点，继而围绕这个中心点展开对其他辅助空间的规划，色彩上除个别个性房的特殊需要外，
一般以温馨的暖色调为主，辅以柔和的灯光与木质材料。

　　客房中的一切陈设都是为了满足宾客的日常起居及在外旅行的需要设计的，陈设的形式与色彩也是为了满足宾客的使用舒适度的需求而设计的。家具陈设更要符合人体工程学原理，设计师应根据不同的空间组织不同形式的陈设，除了应配备具有基本使用功能的陈设物品外，还应设置点缀式的陈设小物，给宾客带来更为贴心的体验。

3. 具体陈设

（1）客房睡眠区的软装饰

　　睡眠区是客房最基本的功能区，也是整个客房中面积最大的功能区域。该区域最主要的家具是床，床的质量直接影响客人的睡眠质量和身体健康，也是客人对酒店作出评价的最重要的依据之一。床及床头靠板的造型，甚至床后墙上的装饰都会影响宾客的观感。床的大小直接体现了该客房的级别，客人在睡眠区的动作主要有躺卧、倚靠、垂坐等，其中躺卧时床的舒适性是最为重要的。

　　东莞因"地处广州之东，境内盛产莞草"而得名，东莞的本地文化和制造业的发展都离不开莞草。东莞洲际酒店（图 2-146）的客房以岭南园林为设计动线，床头背景巧妙地融入了莞草编织元素，体现出浓厚的乡土文化气息。

　　弗罗瑞安公园酒店（图 2-147、图 2-148）位于 Siusi allo Sciliar 村庄的山麓处，其舒适的客房多年来一直为宾客提供绝佳的度假体验。设计团队以独特的方式重新设计了传统的起居、卧室和浴室区域。中央起居区域通向有顶阳台，方便宾客俯瞰壮丽的山景，当然在玻璃卧室也可享有这一景观。所有空间基本上都是相连的，只有卫生间被设计成独立的单元。带镜子的独立盥洗台兼做桌台，是空间中的亮点，在这里，浴室区域加入精心摆放、设计的家具组合。最私密的区域位于套房尽头，露天淋浴一侧是独立卫生间单元，另一侧是芬兰小型私人桑拿室，房客可以随时使用。除了景观因素外，还有一个亮点使人无法抗拒入住该套房，即设有热水浴缸的户外开放露台，它与桑拿室相得益彰。客房室内的装饰色彩以柔和的绿色为主，其中点缀了灰色的阴影，营造出了树屋的整体氛围。织物、瓷砖和漆面营造了整体风格，有助于室内外空间的融合。烟熏橡木地板、家具配件和浴室单元在黑色阴影之中和谐相融。

▲ 图 2-146　东莞洲际酒店客房

▲ 图 2-147　弗罗瑞安公园酒店客房　　　　▲ 图 2-148　弗罗瑞安公园酒店客房睡眠区

（2）客房起居区的软装饰

客房内的起居区一般设在靠窗的位置，供客人眺望、休息、会客或用餐。一般来说，客房起居区的家具包括休闲沙发或扶手椅、茶几等。这个区域的面积大小是人们判断客房等级的一个重要依据，因为豪华级客房比其他客房大的部分主要在起居区。并且，根据起居区的家具品种及数量也可以判别客房的级别。

杭州泛海钓鱼台酒店（图 2-149）的客房布局和空间组织基于江南园林的建筑特点，注重空间的延伸、渗透与分隔。该酒店的客房面积均在 60 平方米以上，每间客房均设计独立玄关、独立洗手间与步入式衣帽间，卧室睡眠区、书写工作区与起居区按照功能关系划分，配以兼容中西风格的家具、黑漆屏风、丝质扪布、锈镜等元素，丰富空间层次感，营造客房空间的灵动格局。客房家具风格淡雅，素色沙发简单舒适，实木家具细节考究，空间中点缀制作工艺精湛的中式瓷器、漆器以及花艺等软装艺术品，西式的迷你吧与中式大漆柜的融合，为客房增添了人文气息。

▲ 图 2-149　杭州泛海钓鱼台酒店客房

（3）客房卫生间的软装饰

卫生间能很大程度地体现酒店舒适性和经济性设计，并能直接影响酒店的评级。卫生间内的设施一般有坐便器、梳妆台（配备面盆、梳妆镜）、淋浴间或浴缸，配有浴帘、晾衣绳并要求采取有效的防滑措施。高标准酒店还会在卫生间设淋浴间和浴缸，以满足客人不同的洗浴需求。

南京园博园悦榕庄酒店客房卫生间（图 2-150、图 2-151）中复古的绿色遍布整个空间，既代表了富有生命力的"新生"，又能给人一种与自然为伴的印象。从墙壁到桌面，温润的质感让整个空间拥有了不一样的气质。

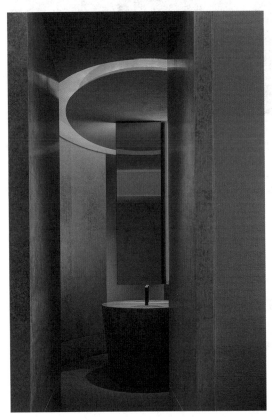 

▲ 图 2-150　南京园博园悦榕庄酒店客房卫生间（一）　▲ 图 2-151　南京园博园悦榕庄酒店卫生间浴室（二）

陈设物品的作用主要是营造舒适的休息环境，受地域文化特色、酒店的档次定位、投资比例等因素的影响，陈设物品主要包含卧具、洁具、织物、坐具、灯具等。卧具一般靠墙安放，从使用心理上给人一种依靠感，常见的卧具有配套的床头柜等。家具摆放应具有灵活性，方便对空间进行重新组合。在尺度比例关系上，家具尺寸应以符合人体工程学原理为主，以具有形式美为辅，方便宾客的使用及酒店的维护。客房是使用织物最为广泛的空间，常见的织物有窗帘、床上用品、地毯等，窗帘可以协调室外光线对室内的影响，高档酒店的客房空间的地面铺设地毯，不仅有舒适柔软的脚感，也可以消除噪声，符合私密性空间的需求。织物主要是为了增加空间的舒适感而存在，应根据酒店风格的不同展现个性。在光色处理上，应以自然光为主、人工照明为辅，以筒灯、射灯、吊灯为主照明。光是空间的灵魂，对光与影的把握有利于空间温馨氛围的营造，可突出材料的质感、勾勒物品轮廓、丰富空间层次。客房空间亦可布置绿植，可选择文竹、蕨类等观叶盆栽或是小株的花卉，这样的绿植拥有小巧的造型及芳香的气味，更容易使人心情得到放松。从安全角度出发，一般不采取吊挂或是床头摆放的方式。除了这些常见的陈设，客房空间中还会摆放体现酒店艺术品位且带有浓郁感情色彩的工艺品，空间中对于服务单、针线包、酒水柜等的处理更能体现出酒店的人性化。

（四）电（楼）梯厅与走廊区域的软装饰设计

1. 空间特点

走廊和楼梯在酒店空间中主要起到方便平面及立面中各个空间之间相互交流的作用，它们是将各个空间相互贯穿联系的过渡空间，具有较高的实用性，同时也是不可让人忽视的艺术展示区。

现代酒店在垂直交通上主要依靠电梯，在一些大型的高层酒店中，通常会有一部以上的电梯。电梯在形式上分为封闭式和观光式两种。酒店中每个楼层都会设置电梯，相应地也会设置方便人们等待的电梯厅。除了电梯以外，酒店从消防安全的方面考虑，会设置楼梯间，但人们通常不会在楼梯间逗留。平面交通主要依靠的是走廊，走廊是联系平面各空间的通道，功能相对单一，作为提供通过与穿越功能的交通型空间，具有引导和暗示的双重作用。

2. 布局原则

走廊在形式上大概分为以下几种类型：直线型走廊具有很强的方向感；曲线型走廊层次丰富，给人曲径通幽的感觉；另外还有 L 型与 T 型走廊。走廊作为一个过渡空间，其主要陈设装饰体现在墙面布置上。由于空间的特殊性，人在走廊里面的停留时间较短，视觉中心所在的走廊的尽头，自然而然也是处理陈设的重点位置。

电梯厅的空间不大，但通过的人流量是可观的，为了分散顾客在等待中的焦虑情绪，最好的处理方式是设立一组陈设，以此引开顾客的注意力，同时由于顾客驻足时间较长，选择的陈设物品也可以向顾客传达酒店的品位。

3. 具体陈设

走廊是一个长条形的特殊空间，通行其中的过程是枯燥乏味的。在一般的酒店中，走廊空间通常以墙壁挂画、顶棚装饰和工艺吊灯等陈设为点缀，以缓解顾客通行过程中的疲劳感。由于顾客在走廊中步履匆忙，注意力的集中点不在墙面的挂画上，而在走廊的尽头，也就是专业中所提及的端景，应摆放成组的家具或是壁龛，在其中安置丰富且极具艺术性的插花、组合工艺品、大型绘画等，加上灯光的烘托，可以吸引人的注意力并起到引导作用。

杭州泛海钓鱼台酒店中的走廊空间（图 2-152）的硬装以浅蓝调子的石材与灰蓝木为主，以暖白皮革为辅。宾客穿梭于长长的宴会前厅走廊上，蓝色的菱形地毯映入眼帘，亦冷亦暖，以一种别样气质展现了空间印记。有别于一般宴会区的

▲ 图 2-152　杭州泛海钓鱼台酒店走廊

金光闪亮的富丽感，该空间呈现出了清新雅致的动人气质，以全新的容貌示于人前。

南京园博园悦榕庄酒店中的电梯厅（图 2-153、图 2-154）展现了类似峡谷的幽深变幻，空间将体块进行曲面切割，呈现了自然的包容感，步入其中犹如被自然的峡谷环抱。如同一次探秘之旅，穿越山道，沿幽径行走，往深处探索，犹如置身于落日背景下的山谷峭壁。电梯厅整体呈现出淡雅的质感，继承自然形态。艺术以多元的形式融入其中，将丰富的创造与想象延伸至关乎人、空间和自然的关系之中。

▲ 图 2-153　南京园博园悦榕庄酒店电梯厅　　▲ 图 2-154　南京园博园悦榕庄酒店楼梯

五、酒店软装饰的设计原则和方法

（一）软装饰的设计原则

酒店的软装饰原则主要是指深入研究并归纳出装饰艺术品陈设在酒店整体空间中的形式搭配规则。不同的人对软装饰的理解各不相同，它受到人们长期所从事的生存活动的影响，也受到社会地位、教育背景、文化内涵、知识构架、经济水平、专业领域、人生观价值观等的影响。而我们需要从人们复杂且丰富的艺术喜好倾向中提取一些可以被归纳总结且符合大众审美标准的共通点，作为软装饰设计的一般性原则使用。

1. 一般性原则

（1）统一性原则

统一性原则不仅是酒店软装饰设计的原则，整个设计领域都应遵循这一基础性原则。在软装饰设计范畴内，统一性是指要将所有不同的色彩、材质、造型的软装陈设元素通过陈设手法组成一个有机整体，从而营造出使整体空间和谐统一的艺术文化氛围。所以，宏观的统一原则细分下来就是装饰元素造型的统一、色彩的统一、文化涵养的统一以及风格主题的统一等。

在色彩上，酒店的色彩搭配组合首先要依从于酒店的地域性文化、历史性文化或主题文化，这样才能在整体上与酒店的氛围相统一。一套有历史典故或约定俗成的色彩搭配能把人带到相应的情境中，让人感受那一时期或一个故事背后的深刻内涵。在造型上，我们常常会运用一些材质不一、大小不等的装饰艺术品进行组合设计，这就要求艺术品在形态造型上达到统一，这样才不会出现杂乱无章的场面，才能更好地促成酒店空间的和谐气氛的营造。在风格方面，自然是要挑选与酒店特色文化统一的装饰元素，装饰艺术元素的细节陈设是酒店文化的重要组成部分。

（2）均衡性原则

无论是欧洲还是中国的古典软装饰艺术，都遵循着对称的艺术规则。对称性一般是指在陈设的界面中以一个中心点为基点，中心点的两边无论从陈设物品的数量还是体量都达到一种对称的效果，这是古典陈设常用的手法，这种效果会让整个空间更加肃穆、庄严。在现代软装陈设中，人们偶尔会主动打破这种陈设格局，寻求一种灵动的感觉，但总体上仍然保持均衡性。均衡性其实是一种平衡的美学。

（3）主从性原则

主从性原则是指在软装饰设计中要分清主次关系。在酒店的整体空间内，一定会有视觉中心点和辅助装饰点。在进行软装陈设初期规划的时候，就应该明确重点陈设部分和辅助陈设部分，这样有主有次、有张有弛，就不会在陈设设计过程中出现混乱的情况，这是软装陈设能顺利实施的重要前提。

酒店的软装饰不仅需要明确视觉中心陈设和辅助陈设，还应注重点缀陈设部分。点缀陈设部分虽然在空间中不起决定性作用，但是有了这一部分，会使整个酒店空间的陈设更加细致、完满。主次分明、各部分相互映衬可以避免某些部分喧宾夺主，可使酒店空间陈设有序、完整，这是软装陈设实现最终效果的重要保证。

2. 特殊性原则

（1）地域性原则

地域性体现在酒店所在地区的风土人情和历史风俗方面。人们对于这种文化的直接感知往往来源于所在地的自然景观和城市人文特色，酒店一般会依托这些不可替代的自然和人文景观资源来进行软装饰设计，使其拥有无法复制的文化特质。

森林、湖泊、山脉、温泉、海滨、沙滩等自然景观，城市古迹、当代标志性建筑和街道景观等城市人文景观，都是酒店软装饰可挖掘的设计素材。各具特色的地域性文化为酒店的特色软装饰设计提供了最原始的素材，如北京的颐和安缦就与附近颐和园的文化一脉相承，而杭州的法云安缦则充分融入了法云古村的文化之中，与周边的自然景观融为一体。可见，同一个酒店集团旗下的分店，若所处地域不同，酒店特色也应有所不同，这是酒店的基础性原则，虽然酒店按其主要特色分为地域型、主题型和时尚型三大类，但主题型和时尚型的酒店也同样需要遵从地域性这一大原则。

（2）唯一性原则

酒店的整体设计应是设计师据其特点量身打造的。空间中的软装元素即风格造型、色彩、材质等均以酒店的地域性和其包含的文化内涵为导向，共同营造出符合酒店特色的氛围。它的唯一性是指其整体氛围能给客人一种视觉、嗅觉和触觉上的体验，且应是符合酒店所在地的特色的一种文化体验，这种以整体设计的方式带给人们的独一无二的感受，是酒店的"灵魂"。在后期的软装设计中，设计师应通过对家具、灯饰、布艺织物、装饰艺术品等的组合搭配设计，共同完成具有唯一性的文化氛围的营造。

（二）软装饰的设计方法

有关软装饰的设计方法有很多，最能影响空间个性特色的方法有色彩搭配组合法、造型搭配组合法。

1. 色彩搭配组合法

色彩是决定一个空间性格倾向的最基本元素。把握色彩的三大关系：背景色（主色调，60%—75%）、主体色（辅助色20%—25%）、点缀色（5%—10%）及其之间的配比关系，是做好色彩搭配的前提。

归纳起来，室内陈设的色彩搭配方法基本分为四种类型：面积配比法、色调法、对比法、风格法。

（1）面积配比法

面积配比法在软装饰色彩搭配中，通过每种陈设元素的色彩所占面积的不同来影响空间颜色。面积配比配色法有以下四种。

①主体色＞辅助色＞点缀色，这种面积配比使空间层次分明、清新爽朗（三种色彩可以属于不同色系，三种色彩可以随意搭配，三种色彩之间可以没有任何关系）。

②主体色＋辅助色＞点缀色。（这是一个主体色＋辅助色与点缀色之间的对比配色法，所以主体色与辅助色需是同色系或同色相，两者一定要有关联，才能一起与点缀色进行对比。例如，浅灰＋浅紫＞纯黄，65%＋25%＞10%）。

③主体色＋点缀色＞辅助色（主体色＋点缀色与辅助色之间的对比配色法，由于点缀色的面积占比非常小，所以主体色与点缀色之间可以有关联，也可以没有关联，65%＋25%＞10%）。

④主体色＞点缀色（这是一种很个性的搭配方法，点缀色的配色色彩在整体色彩关系中是没有限制的）。

（2）色调法

在软装饰范畴中，色调搭配组合法主要指根据特定的规律法则，将两种或者更多的颜色，组合在一起，可以带给人舒适或刺激的视觉体验。色调大致可分为冷暖色调、深浅色调、黑白色调。

首先，我们所指的冷暖色调是相对概念，大致以色彩环上的色调来进行区别。冷色调基本是指以蓝、紫为主色相的色调，给人凉爽、冷静和空旷的感觉，一般运用在以大自然为景观主题的酒店中。暖色调是以红色、橘色、黄色为主色相的色调，给人热情洋溢、温暖的感觉。通常情况下，应将冷暖色调结合起来，两者在相互映衬下可以达到更完美的配色效果。若单独使用则会给人带来较强的视觉刺激，舒适度较低。

其次是深浅色调。深色或浅色直接决定了酒店内部氛围是暗沉或明亮。深色调的氛围给人以神秘感或浓厚的文化感，而浅色调常给人素雅、清新的感觉。当然，深浅色相互搭配会显得空间更加层次分明、色彩丰富，这也是某些酒店为突出特色所需要使用的配色方法。

最后是黑白色调。前面提到，黑白属于无色彩系，没有任何色彩倾向。黑白色调一般会在以时尚著称的酒店空间中使用，这种色调的软装陈设极具艺术感、立体感和时尚冷艳感。

（3）对比法

对比法是软装陈设中常用的搭配方法，它可以是整体空间中大面积的色块对比，也可以是陈设元素之间的小面积色彩对比。总的来说，对比法分为以下六类。

①零对比，即无彩色系的对比，如黑与白、灰与白，给人大方、庄重、高雅、现代之感，但同时也易于单调。

②无彩色系与有彩色系的对比，大方活泼，现代感较强，有生命力。

③明度对比即同种色相的对比，给人统一、文静、雅致、稳重之感。

④无彩色系与同种色相的对比，有一定层次感，大方得体，活泼又显稳重。

⑤邻接色相对比，指将色彩环上相邻的二至三色进行对比，色相距离大约30°，为弱对比，给人柔和、和谐之感，但也略显单调。

⑥补色对比，指色彩环上相距180°的色彩对比，属于强烈对比，给人很强的视觉冲击力，层次丰富，这种配色方法能给宾客留下深刻的印象。

（4）风格法

酒店室内设计风格很大一部分是通过软装饰设计来体现的，即设计师通过对各种软装元素如造型、色彩、材质等的搭配组合，营造出符合酒店定位的独特艺术氛围。色彩的搭配组合是营造酒店风格氛围最直接的方式，在风格表现中起重要作用，因而设计师在进行酒店配色设计时，应首先了解当地的历史文化、民俗风情中一些约定俗成的色彩特征，利用符合酒店文化背景的色彩组合来营造独特的氛围。

2. 造型搭配组合法

酒店软装饰设计之所以重要，是因为其浓厚的文化氛围和艺术感觉营造必须通过软装陈设元素中的家具、灯具、布艺织物、装饰艺术品来表现。造型搭配组合法就是将这些元素的不同造型进行组合、对比，或是将不同元素的相同形态特质进行有机的结合而达到统一和谐的一种搭配组合方法。例如，在酒店中，我们可以在完成大件家具如沙发、床、卧榻、桌椅等的搭配之后，再挑选一系列造型相似的装饰艺术摆件与其进行组合搭配，从而塑造出整体和谐且让人感觉舒适愉悦的酒店空间。

在酒店空间中，设计师通过各类软装饰造型元素的高低、大小、远近、虚实的组合搭配以及疏密交替、对称均衡或刚柔并济的排列穿插，使空间产生丰富的韵律感和层次感。

在酒店中，不同区域在陈设要素造型上的搭配需求是各不相同的。在客房区域，整体造型宜采用具有柔和线条的陈设元素进行搭配，组合手法应以整体融合、错落有致为主，减少不必要的装饰堆砌，营造舒适、安全的休息氛围。在酒店的公共区域，应突出酒店的鲜明特色，在造型上宜以体量较大、形态独特的陈设元素为主，在搭配组合手法上则有较多形式，如利用陈设物品高低错落的搭配、疏密有致的摆放来营造酒店所需的空间氛围。

设计实训

酒店室内空间的软装饰设计与分析

一、设计内容

以指定的民宿酒店建筑为设计基础，突出该民宿的地域性和文化性，完成一套完整的软装饰设计方案。

二、设计要求

1. 完成整套软装饰设计的排版。

2. 软装饰设计风格鲜明、契合主题。

3. 软装饰的功能和选配符合背景设定要求。

4. 文案创作能烘托整套方案。

三、作业要求

以幻灯片或图片组的形式展示。

第四节　酒店照明设计

一、光在酒店空间构成中的影响

每一个安静的角落都有精彩的剧情在上演，光正书写着属于酒店独特的光影故事。

日间，光照万物又融于万物，激发人对于生命的感悟；夜间，光隐于万物，让人抒发对生命的赞叹。

光环境是环境设计的一部分，是环境设计成功的基础，光可以改变空间甚至塑造空间。任何一种物质的形态、色彩和空间的视觉效果的呈现都依赖于光的照射，有了光，人才能感受到物质的存在。光可以通过不同的强度、光色、照射角度来塑造空间。光色的强弱直接影响建筑室内的空间结构、主次、明暗对比和人们心理上的冷暖变化，室内设计师可以通过顶光、侧光、背光、底光、前景光、整体照明和局部照明再造空间形态（图2-155）。

▲ 图2-155　迪拜柏悦酒店

照明设计在酒店建设中扮演着重要的角色。现代化酒店照明设计不再是单一的功能照明或者纯粹的艺术照明，而应根据酒店各个功能区进行设计，综合考虑宾客的个性化需求。缺少专业化照明设计的酒店，将缺失其独有的气氛，甚至会影响酒店的经济效益。

光线是构成酒店空间视觉效果的一部分，光的区域、光的强度、光的色彩、光的层次、光的变幻，直接作用于酒店空间，光可以在一定程度上改变酒店空间结构形态和空间特征，也可以改变酒店的空间秩序。光的此起彼伏与变幻莫测，不仅塑造了不同物理空间，还加大了酒店在宾客心中的魅力（图2-156），让每一位宾客在抵达酒店时都会被这郑重的仪式感触动内心。

▲ 图2-156　吉隆坡 Alila Bangsar 酒店

二、光环境营造设计

照明是以满足人们生活、活动需要为目的的对光的利用，通常与室内氛围的营造照明有着紧密关系，照明形式、照明色彩、灯具造型、照明分布等都对空间效果产生着重要影响。

（一）自然采光

自然采光（图 2-157）具有天然、舒适，随季节、昼夜交替变化等特点，常见采光形式有垂直窗采光、水平窗采光及天井采光，需要保持空间通透性，从而更好地将室内外景观融合。

自然采光利用大自然的光线进行照明，因而受时间、天气、气候影响较大。自然光具有穿透、反射、折射、吸收和扩散等特性，设计师可利用自然光特性营造出不同的光影效果。

（二）人工照明

人工光源即自然光以外的光源，人工照明的位置、颜色、亮度、照射角度等可被控制。设计师可以利用灯有选择地照亮空间，灯对于室内氛围的营造起着不可或缺的作用。

随着电光源的发展，人工照明扮演着重要角色，人工照明的出现改变了人们的生活方式和建筑形式。

相比自然光而言，人造光源丰富的种类令人眼花缭乱，能够被人们自由地控制。通过详细的照明计算选定出来的照明灯具和配灯，在设计上具有很大的意义。但是，通过计算进行的灯光设计，虽然更加的便捷与迅速，却丧失了自然的美感。

如今面对能源紧缺的现状，设计者应尽最大可能利用自然光源且采用人工照明和天然采光结合的方法，同时开发使用低能耗灯具。

设计师可在现代灯光装置中加入更多文化元素来突显酒店特色，通过人造光与自然光对空间的塑造，让材质与光在最大程度上得到人们的了解（图 2-158）。

▲ 图 2-157　四川宜宾华邑酒店

▲ 图 2-158　Hotel Old Town Century Prague

（三）空间照明方式

（1）基础照明（表2-2）

表2-2　照明方式与目的

照明的方式	一般照明；局部照明；重点照明；混合照明；应急照明；安全照明；定向照明；泛光照明等
照明的目的	功能照明；装饰照明

基础照明为空间提供基本照明，也称一般照明，可将整体空间照亮，因而基础照明光线分布较为均匀。它是最基本、最重要的部分，满足使用者在空间内的基本视觉需求的光环境，满足了人们的照明需求（图2-159）。

▲ 图2-159　棠之酒店，湖南郴州

▲ 图2-160　重庆两江新区高科希尔顿酒店

（2）功能照明

功能照明满足人们夜间生产、生活与活动的基本照明要求。室外照明中的道路照明、立交照明、隧道照明、体育场馆照明、广场照明、交通信号照明、广告照明等都属于功能照明。功能照明有明确的光照强度、均匀度、眩光限制等要求，有些场合还有对光源显色性的要求。在满足功能照明的前提下，人们可以对照明器进行调光、定时等，以达到节电的目的。

功能照明在现代酒店特别是精品酒店设计中主要起到保障室内空间中某种特殊功能的作用，是为特定的场所而设的照明，如吧台、KTV等（图2-160）。

（3）局部照明

局部照明是对空间中的某一部分进行照明，即将灯具放在离照明对象很近的地方，仅对很小的区域进行照明，其具有分隔空间的作用。局部照明具有目的性，设计师通常使用有方向的、光束较窄的高亮度灯具，其在空间中往往起到以小见大的作用，在提供照明的同时打造光影效果（图 2-161）。

▲ 图 2-161　棠之酒店，湖南郴州

（4）重点照明

　　重点照明是为突出某一部分而进行照明的行为，可以针对某一物体进行强调与表现。重点照明在酒店设计中多是在特定的区域将特定的光束聚焦在特定的物体和区域上，由此产生多样性和反差感，从而使空间生动而有趣，增加视觉冲击力。它可以对空间环境氛围进行再次创造，表现所照物体或区域的细节，体现美和精致，是加强空间艺术性的重要方法，同时也是吸引宾客的一种方式。精品酒店有其独特的文化内涵，对特定艺术品进行重点照明是这类酒店文化的具体表现，也是对空间氛围的再次塑造（图 2-162）。

▲ 图 2-162　景德镇陶溪川酒店凯悦臻选（一）

（5）装饰照明

装饰照明（图2-163）属气氛照明，可用来营造空间的环境气氛。作为丰富酒店空间层次的一种照明方式，其主要利用灯光来调节酒店的空间氛围，提升空间的艺术水平。装饰照明与重点照明在功能照明的基础上对空间光环境进行深入处理，从而满足人们对舒适居住空间的追求和对美感的心理需求。值得注意的是，灯具本身的光束也可起到装饰效果，如灯带、点状光源等。

▲ 图2-163 景德镇陶溪川酒店凯悦臻选（二）

（四）视觉对光的反应

眼睛不仅会对单色光产生一种色觉，且对混合光也可以产生同样色觉。识别阈限即人眼能承受的光的亮度的范畴。明适应即从亮处到暗处，暗适应即从暗处到亮处。视觉灵敏度和亮度、明暗对比度以及识别速度有关。

（五）光与色

色温为一个黑体被加热到一定温度时所呈现的颜色。黑体受热后，逐渐由黑变红，转黄，发白，最后发出蓝色光。我们把发出某颜色光时物体的温度称为该颜色的色温，简单来说就是光的颜色，以开尔文（K）表示（表2-3、图2-164）。

表2-3 色温与色光

颜色	色温（K）	色表	感觉
暖白色	<3300	偏红	温暖
柔白色	3300～5000	偏黄	中间
日光色	>5000	偏蓝	清冷

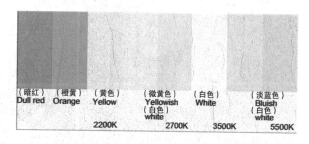

▲ 图2-164 色温与色光图

色彩物理理论中的色彩混合原理证明：红、绿、蓝三原色光等量混合时产生白光，红光与绿光等量混合时产生黄光，红光与蓝光等量混合时产生品红色光，绿光与蓝光等量混合时产生青光。

设计师通过光色的变换创造生动又富于变化的环境，从而打破单调局面（图2-165）。最常用的光源色温在2700～4300 K之间，我们称之为"安全光源"，可用于大面积背景色。大面积的颜色多为清淡而非饱和的颜色，相反，小面积可用饱和的颜色。食品在暖色的光照下比较诱人，女性喜欢红色、黄色等暖色，而男性喜欢蓝色、绿色等冷色。

2700K温暖　　　　　4000K中介　　　　　5300K清冷

▲ 图2-165　不同色温对同一物体呈现出不同的显色效果

（六）光的方向性与分布

光在传输上有方向性，不同光在发光强度不同的情况下可使室内光环境产生很大的变化。在对光的要求很强的空间中，除了要确保光的数量之外，还要考虑光的方向性。

光在空间的分布有各种各样的状态，背景照明往往要求光的均匀度比较好，重点照明则通过光线的明暗对比来营造氛围（图2-166）。

▲ 图2-166　灯光角度与阴影效果，从左至右分别为常规角度、侧光与下射光下的人像

（七）眩光

眩光即由于视野中的亮度分布或亮度范围的不适宜，或在空间或时间上存在极端的亮度对比，而引起不舒适的感觉或降低观察细部或目标的能力的视觉现象。眩光分为直接眩光、反射眩光与光幕眩光。眩光产生的原因有以下几方面。

①光源本身的大小与亮度。

②灯具反射面的光滑程度。

③周围环境的背景亮度。

④眩光的影响。

⑤失能眩光。

⑥不舒适眩光。

直接眩光与灯具亮度的关系及处理方式：

①灯具的高度越高，产生的眩光越小，当光源进入人眼时，应将亮度限制在 500cd/ 平方米。

②当 45° 角方向上的光源进入人眼时，应遮挡光源。

③可以用半透明的漫射板遮挡，或用反射器、格栅阻挡。

反射眩光和光幕眩光的解决方法如下。

①使反射光不在视觉范围内，光的入射方向和人眼注视方向一致。

②在复杂环境中，降低一般照明，加强局部照明。

③减弱周围环境界面（顶棚、地面、墙面）与照明器具的对比，使整个空间照明均匀。

④根据室内环境确定设计色温、设计光照强度，营造客户需要的光环境。

（八）绿色照明

通过可行的照明设计，采用效率高、寿命长、安全和性能稳定的照明产品。

①采用光效好、寿命长、安全和性能稳定的光源。

②采用自身功耗小、噪声低、对环境和人身无污染的灯用电器附件。

③采用能量转化率高、耐久性强、安全美观的照明灯具。

④采用传输率高、使用寿命长、电能损耗低、安全可靠的配电器材和节能的调光控制设备。

光是生命的重要能源，照明在营造酒店室内外环境气氛的同时，也能显露出酒店的历史、文化等特色，营造"场所持久性"和"特定标志性"，合适的光环境设计对丰富宾客情绪感受，营造空间品味、层次、特色等起到重要作用（图 2-167）。

酒店对其室内进行照明设计是提升酒店档次、提高经济效益的有效途径，在设计时必须考虑照明的实用性、艺术性，并且需要结合宾客的生理和心理需求，选用合适的照明方式及光源，才能营造出让宾客感觉良好的照明环境。若片面地采用功能照明或者只使用艺术照明，会造成照明资源的浪费和用户的不满，最终影响酒店的正常运营。

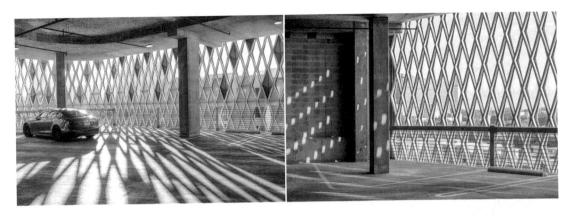

▲ 图 2-167　美国达拉斯维珍酒店

三、照明光源与灯具的选择

随着新技术材料的发展，灯具的花色、品种繁多、造型丰富，光、色、形、质变化无穷，灯具不仅为人们生活提供照明条件，也能成为室内环境设计中的点睛之笔。

（一）灯具的分类

灯具的种类对光线有不可忽视的影响，设计师应合理选择灯具。灯具的类型主要有以下几种。

①吸顶灯：灯具可直接安装在天花板上（图 2-168），如凸出型吸顶灯，这类灯具适用性较强，可单盏使用，也可组合使用，前者适用于较小空间，后者适用于较大空间。还有嵌入型吸顶灯，灯具嵌入天棚内部，组合使用给人以星空闪耀之感。

▲ 图 2-168　泰国 Dusit D2 华欣酒店儿童区嵌入式吸顶灯

②吊灯：灯具通过吊件悬在空间的某一高度，用于一般的室内空间（图2-169）。其中花灯用于豪华高大的大厅空间，宫灯用于具有传统古典式风格的厅堂，伸缩性吊灯采用可伸缩的蛇皮管或伸缩链作为吊具，可在一定范围内根据需要调节灯具高度。大吊灯的最小高度为2400毫米。

▲ 图2-169　云南弥勒东风韵美憬阁精选酒店

③嵌入式灯：灯具安装在天花板的顶棚里，灯口与顶棚面大致相齐（图2-170）。

▲ 图2-170　安徽黄山东榕温德姆度假酒店

④导轨灯具：分为导轨和灯具两部分，导轨可以支撑灯具和提供电源，灯具以射灯为主（图 2-171）。

▲ 图 2-171　北京通盈中心洲际酒店、安徽黄山东榕温德姆度假酒店

⑤荧光灯具：有嵌入式、吸顶式、轨道式灯具三种，包括支架。

⑥壁灯：安装在墙壁和柱子上，灯罩材料多样，装饰性强，有附墙式和悬挑式两种，适用于各种空间。壁灯的高度为 1500～1800 毫米。

⑦壁式床头灯：高 1200～1400 毫米（图 2-172）。

▲ 图 2-172　洛杉矶 Alsace LA 精品酒店

⑧落地灯：也称坐地灯，用于一定区域内的局部照明，可作为一般照明的补充。

⑨台灯：坐落在台桌、茶几、矮柜的局部照明灯具，用于进行精细视觉工作的场所，也是现代家庭中富有情趣的主要陈设之一，材料多样。其在现代酒店中已成为具有特色的装饰照明设备（图2-173）。

▲ 图2-173 安徽黄山东榕温德姆度假酒店

⑩反光灯槽：最小直径等于或大于灯管直径的2倍。

⑪特殊灯具：为各种特殊场合专门制造的照明灯具，常见的有追光灯、回光灯、天幕泛光灯、旋转灯、光束灯、流行灯等。

灯具、植物、织物等的色彩、造型、花纹等都能对空间氛围产生影响，且陈设需要与灯光结合才能够达到更好的效果。在重点部位加强照明、突出装饰，有更利于空间氛围的营造。

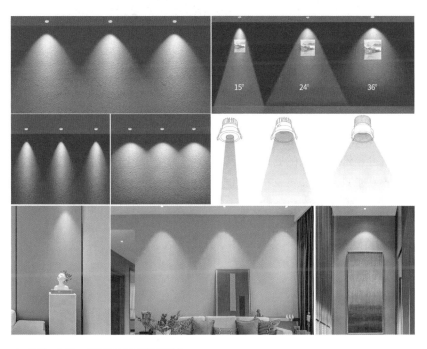

常见的灯杯角度一般有15°、24°、36°三种（图2-174）。光束角不同，反映在被照墙面上的光斑大小和发光强度也不同。相同功率的灯杯光束角越大，其中心发光强度越小，出来的光斑越宽、越柔和，相反，光束角越小，其中心发光强度越大，出来的光斑越窄、越生硬。

▲ 图2-174 光束角墙面效果图

（二）灯具档次的界定

①高档灯具是指依据酒店整体风格，为突出特色、营造独特氛围而专门设计制作的装饰照明灯具。高档灯具用材考究、工艺精良、形态优美，有特殊的视觉效果，能够突出酒店文化特征，是反映一定地域环境文化、具有象征性的工艺品。

②普通灯具是由市场批量生产并在一定时期内被普遍采用的照明器具。相较高档灯具，普通灯具在能耗、工作电源、电压、温度、寿命、光色可控性等方面有所不同。

四、酒店空间中的光环境营造

酒店照明是功能照明与艺术照明的集合体，酒店照明规划是为满足不同的功能区需求和客户个性化需求而产生的。环境是靠各种物质在自然界的和谐组合而成立的，而照明的环境是按照环境中的特定需求使功能照明以及艺术照明并存且统一。前者强调的是实用功能，而后者强调照明的装饰作用和制造气氛时的烘托功能。酒店照明的特殊性在于它既非办公室等场所所使用的功能照明，又非舞台所使用的艺术照明，但是它在某方面具有功能照明和艺术照明的特点，这便是酒店照明的普适性。功能照明是为了满足功能的需求而存在的，具有一定的视觉条件要求，相关标准规范也有明确规定；而艺术照明是起装饰作用的，更多满足精神上的需求（图2-175）。

▲ 图2-175　阿那亚隐庐酒店

酒店照明设计的主要难点在于如何合理安排实用照明和艺术照明，二者有机结合、相辅相成，一直是工程照明从业者在酒店工程照明工作中努力追求的目标。现代化的酒店已经不再局限于满足顾客的住宿需求，而是由具有多种功能的空间、场所组成，又因地域、人文、定位、建筑形制等因素的差异而对艺术装饰有不同的要求。所以在现实中，关于酒店照明设计的问题是非常复杂的，这些问题的本质是如何为宾客创造温馨舒适的氛围，尽可能彰显酒店完美的环境，从而在一定程度上创造"眼球经济"，拉动酒店入住率及其他消费量的提高。

（一）照明设计在酒店空间中的作用

1. 光可以丰富空间层次

人工照明可以用多种方式为特定空间、特定事物进行设计，使酒店的文化元素更生动、美观。照明是组成与调节室内空间的一种元素，其形状、颜色、材质都会对空间产生很大的影响，通过光去强调某一特定物体，可以更为直观地表现主题，也可以使空间层次更为清晰。

2. 光可以强调文化表现

空间可运用局部照明的方式，通过部分光照投射，结合漫反射与室内材料，强调室内空间的主题。人们天生就对光有很强的感知力，在视觉上受其引导。局部照明，能提高人们对特定事物的关注度，使一些事物在人们脑海中的印象更加深刻，这也能达到突显空间主题的目的。还可通过重点照明对室内材料进行细致的展示，从而表达设计意愿，给宾客以深刻印象（图2-176）。

光可以突出材料质感，运用材料来表现空间依然是室内设计中常见的手法。在灯光的作用下，空间中材料的肌理与美感可加强人们的主观感受，改善空间的环境氛围，在一定程度上也可弱化空间的缺陷，突出视觉焦点。再有品质的材料，如果没有灯光的搭配，也很难体现出自身的优越性。因此，照明通过让灯光与材料能相互配合，这无论对表现材料的质感来说，还是对空间的氛围都至关重要。此外，材料可分为透光、半透光、不透光三种类型，例如，玻璃若为透光材料，不仅能分隔空间，而且能拉伸空间，让人感觉空间更加明亮宽敞。不同的材料给人们带来不同的感受，对空间氛围也有不同的营造作用（图2-177）。

▲ 图2-176　Moxy East Village 酒店餐饮空间

▲ 图2-177　Moxy East Village 酒店公共空间

3. 光可以调节空间环境

光影具有调节空间环境的作用，灯光可将灯具的轮廓勾勒出来。不同的灯罩有不同的美。灯光可将被照物的形态表现得更加丰富、细腻、生动，配合酒店的整体文化氛围，对空间环境进行进一步调节。

4. 光可以引发视觉心理

优秀的照明设计不仅可满足人们的审美需求，还可使其产生消费欲望。舒适的环境让客人愿意停留更久的时间，此过程自然也会产生更多的消费。此外，好的照明设计让人从视觉到心理都得到放松，从而起到心理调节的作用。

（二）酒店灯光表现

酒店灯光照明设计可分为整体照明、局部照明、混合照明、装饰照明。不同空间、对象、场景、时间应采用不同的灯光照明方式。具体来说，酒店灯光有点光源和带光源。

①点光源是投光范围小而集中的光源（图2-178），其光照明度强，多用于餐厅、卧室、书房及橱窗、舞台等场所作直接照明或重点照明使用。表现手法有顶光、底光、顺光、逆光、侧光等。

②带光源是被布置成长条形光带的光源（图2-179），表现形式有方形、格子形、条形、环形、圆形、三角形及其他多边形，具体有周边平面型光带吊顶、周边凹入型光带吊顶、内框型光带吊顶、内框凹入型光带吊顶、周边光带地板、内框光带地板、环形光带地板、上投光槽、天花凹光槽、地脚凹光槽等。长条形光带具有导向性，其他几何光带一般作为装饰。

▲ 图2-178 伦敦 Nobu 酒店酒吧

▲ 图2-179 北京通盈中心洲际酒店

灯光的色彩对整体环境氛围的营造有重要作用。光在布置上要点线面结合，重点装饰部分一般选用点光源，以突出重点。

①天花灯光：照明自上而下，要求光照均匀、光线充足。表现形式有日光灯吊顶，要确保光线均匀一致且光线充足，还有筒灯吊顶，如夜空繁星闪耀。可结合天棚梁架结构，将其设计为一个个光井，灯光从井格射出，可产生独特艺的光影效果。

②墙面灯光：大多用于图片展览的照明。其利用方式是将墙面做成双层中空形式，其中嵌有玻璃框，框后设置投光装置，组成发光展览墙面。

③地面灯光：将地面做成发光地板，通常为舞池设置。还有多彩发光地板，光影与色彩伴随电子音响节奏同步变化，打造出舞台表演艺术氛围。

（三）酒店人工照明营造

酒店照明设计主要依靠人工照明，因此在酒店设计时要依据酒店的空间结构及材料性能特点进行光源与造型灯具的选择。光与空间相互作用、相互依存。光可以更好地展现酒店空间的形态、颜色和文化内涵，也可以引导人行流线。酒店人工照明营造须注意以下几点。

①需要照明设计人员熟练掌握相当数量的特殊灯具的特点。

②根据设计主题与地域文化的要求进行相应的选择。

③根据对照明曲线的理解进行照明设计的光照强度计算。

④进行计算机辅助模拟测试，再修改、设计。

⑤了解室内装饰材料的性能及其与灯光漫反射、折射之间的关系。

（四）酒店灯光的设计原则

1. 功能性原则

照明是为人服务的，可满足人对空间感知的需求。照明能帮助人们驱散黑暗、了解环境。酒店照明是一种功能照明，为顾客在享受酒店服务时提供基本视觉环境。

酒店灯光照明设计首先必须符合相关功能的要求，设计师要根据酒店的不同空间、场合、对象，选择不同的照明方式和灯具，并设计恰当的光照强度和亮度（图2-180）。例如，会议大厅的灯光照明设计应采用垂直式照明，要求亮度分布均匀，避免出现眩光，一般宜选用全面性照明灯具。为了吸引顾客，商店的橱窗和商品陈列处一般采用强光重点照射以突显商品的形象，其亮度比一般照明要高出3～5倍；为了强化商品的立体感、质感和广告效应，商店常采用方向性强的照明灯具或利用色光来提升商品的吸引力。

▲ 图2-180　湖南郴州棠之酒店楼梯指示照明

2. 美观性原则

酒店照明也是艺术照明（图 2-181）。艺术照明也称装饰照明，主要是通过一些色彩和形象的变化以及智能照明控制系统等，在有了功能照明的前提下，用一些照明来装饰，渲染环境气氛。艺术照明能产生很多种效果，给人带来不同的视觉上的享受。人对空间感知的需求被完全满足后，会产生更多心理上的诉求。在酒店中的这段时间，照明不仅仅能满足其空间感知需求，还能够使其进一步得到更多舒适的感受，此时人们会因照明空间、场所光照强度的不同，又因地域、人文、定位、建筑形制等因素的差异而对照明有不同的要求，照明由此不再是单纯的功能性照明，而是人想要通过光与空间进行的精神对话，是艺术照明。

▲ 图 2-181　土耳其安塔基亚博物馆酒店的艺术照明

灯光照明是装饰、美化酒店室内环境和创造艺术气氛的重要手段。有人称灯光是酒店空间的"眼睛"，为了对室内空间进行装饰，增加空间层次、渲染环境气氛，采用装饰照明、使用装饰灯具十分重要，灯光照明已成为整体设计的一部分。灯具不仅起到照明的作用，而且其造型、材料、色彩、比例、尺度十分讲究，已成为室内空间的不可缺少的装饰品。灯光设计通过对灯光的明暗隐现、抑扬强弱等有节奏的控制，充分发挥灯光的光辉和色彩的作用，如采用透射、反射、折射等多种手段，能创造出温馨柔和、宁静幽雅、怡情浪漫、光辉灿烂、富丽堂皇、欢乐喜庆、节奏明快、神秘莫测、扑朔迷离等各种艺术情调，可为顾客的酒店生活环境增添更多的情趣。

3. 经济性原则

灯光照明并不一定以多为好、以强取胜，关键是科学合理（图 2-182）。灯光照明是为了满足人们视觉生理和审美心理的需要，使酒店室内空间最大限度地体现实用价值和欣赏价值，并达到实用功能和审美功能的统一设计的。华而不实的灯饰非但不能"锦上添花"，反会"画蛇添足"，同时造成能源浪费和经济损失，甚至造成光环境污染，进而有损身体的健康。

▲ 图 2-182　悉尼皇冠酒店

▲ 图 2-183　伦敦伦敦人酒店

4. 安全性原则

酒店灯光照明设计要求绝对的安全可靠。由于照明要使用电能，所以酒店必须采取严格的防触电、防断路等安全措施，以避免意外事故的发生。灯光照明设计的安全性应参照国家有关标准执行。

5. 环保性原则

灯光设计应满足节能环保要求。回路应分配得当，应构建包括迎宾照明状态、工作照明状态、基本照明状态的灯光状态体系，重视自然采光，选用高发光率、低功耗的灯具，灯光设计应符合科技创新、绿色环保的要求（图 2-183）。

五、公共空间照明设计

酒店设计需要通过光环境的营造传递给客人亲切、温馨、安全、高雅、私密等心理体验，因而酒店照明必须是丰富的、有情调的、令人视觉舒适和心情愉悦的，同时其目的也必须是清晰而准确的，从而能够充分显示不同光源的照明功效。

公共空间须营造出亲切、温馨和友好的氛围，而色温为 3000 K，其所提供的照明环境能够烘托出酒店的环境氛围。在黄色系中，在色相偏橙黄的色彩同色相偏蓝紫色的色彩对比中，橙黄让人感觉温暖且易拉近人与人的心理距离。在心理层次上，橙黄色光同亲切、温馨与友好等心理评价和情感活动紧密相连（表 2-4）。

表 2-4　旅馆建筑照明标准值（公共空间）

房间或场所	参考平面及其高度	光照强度标准值（lx）	统一眩光值（URG）	显色指数（Ra）
中餐厅	0.75 米水平面	200	22	80
西餐厅、酒吧间、咖啡厅	0.75 米水平面	100		80
多功能	地面	300	22	80
门厅、总服务台	地面	300		80
休息厅	地面	200	22	80
客房层走廊	地面	50		80
厨房	台面	200		80
洗衣房	0.75 米水平面	200		80

（一）酒店大堂

　　酒店大堂是客人进出酒店的主要场所，也是展现酒店档次、吸引客人的重要场所。大堂空间照明主要分三个区域：入口与前厅区域的照明、总服务台的照明、休息区的照明。大堂作为连续的空间整体，入口与前厅部分应该为一般照明或全局照明，总服务台和休息区为局部照明，三部分照明应保持色温一致，通过亮度对比，使酒店大堂形成富有情趣、连续、有起伏的明暗过渡，从而营造出亲切气氛。北京宝辰酒店入口（图 2-184）以山水、植物、灯光造景，以多样的灯光吸引游客，在其没有进入酒店之前暗示内部空间氛围，引起游客探索秘境的兴致。

▲ 图 2-184　北京宝辰酒店入口

　　在距离地面 1 米的水平面上，门厅与前厅的设计光照强度要达到 300 lx，色温要达到 3000 K 左右。色温太低，空间就显得狭小；色温太高，则空间缺乏亲切感，客人的安逸感会降低。显色指数应大于 85 Ra，以清晰地显现接待员与宾客的肤色和各种表情，为宾客留下满意的印象。

　　服务总台的光照强度一般要求较高，酒店可以以此吸引顾客视线，光照强度在 750 ~ 1000 lx 较适宜，设计较高亮度的目的是突显总服务台的重要性，吸引客人视线。色温应保持在 3000 K 左右，整体给顾客舒服干

▲ 图 2-185　北京宝辰酒店

净的感觉，同时满足酒店工作人员登记工作方面的照明需求。

　　顾客接待休息区对光照强度的要求较低，一般为 300 ~ 500 lx，如与服务总台一样，则光照强度对于顾客而言就太高了，较为刺眼。如果光照强度太低，则给顾客一种阴暗的感觉，令顾客不适。隐藏在大堂一角的休息区（图 2-185）有造型独特的吊灯、休息椅，为入住酒店的旅客停留提供便利。该区没有整整齐齐的区域划分，仅靠天花的变化进行区分，使得休息区也成为景观，同时让空间更加开阔。

　　现代化酒店照明设计不应再是单一的功能照明或者纯粹的艺术照明，而应该根据酒店各个功能区进行设计，综合考虑顾客的个性化需求。

　　酒店应对大堂内的一些艺术装饰品采用重点照明，规划过程中须考虑光环境的整体性，灯饰的选择应与整体设计风格相协调，常见的灯具有 LED 筒灯、烛台吊灯、水晶吊灯、田园吊灯。灯光设计应保持环境整体与色温的一致性，但不同区域也要结合局部照明，经过亮度对比进行区别、过渡，使整体光环境亲切、轻松并且相映成趣，同时避免产生眩光。

（二）酒店餐厅

　　照明对于餐饮空间就餐环境的营造具有重要的作用。光源本身的质量和作用、光的分布

和节奏，明光、次明光和暗光，局部光和陪衬光、背景光和目的光等设计对打造环境氛围和刺激客人食欲起到了重要作用。酒店内的餐厅，环境因素相较菜品和管理服务的质量因素来说，对餐厅的效益影响更大。

餐厅环境的设计有五大要素：第一是功能和流程，第二是空间和艺术形式，第三是色彩和照明，第四是声音，第五是家具和布台。五大因素随餐厅的性质和投资水平而有所侧重，但不论侧重哪一条，照明都是不容忽视的必备要素。

在灯光照明设计中应采用整体的功能性照明和局部的情景照明相结合的方式，光照强度应适中，灯具布局以"见光不见灯"为原则，尽量避免因灯光直接照射而产生眩光。不宜单独采用日光灯照明，因其显色性较差，日光灯之下人与物显色偏青，显得苍白。

此外，灯饰是餐饮空间中陈设设计的重点部分，灯饰配置首先应提供餐厅室内活动所需的基本光环境。其次照明和灯饰在烘托气氛，突出餐饮空间的重点、亮点，划分空间，制造错觉和调整气氛等方面起着不可忽视的作用。

▲ 图2-186　云南弥勒东风韵美憬阁精选酒店

1. 中餐厅

中餐厅规划比较强调实用性和美观性，良好的照明设计可以给宾客带来更好的用餐体验（图2-186）。整体照明的光照强度应保持在 210 lx 左右，可以提供补充的侧面光，使重点照明达到 300 lx。中心光强在 150 cd 左右。色温应和酒店大堂一致，在 3000 K 左右，但光色需要协调统一。

根据国人习惯，中餐厅偏向商务餐饮风格，故其内的照明氛围应当是正式与友好的，照度要比西式餐厅高出许多，且应尽可能提供整体较高的均匀光照强度。点状光源、带状光源及各种类型的花灯均可以满足酒店照明要求。餐桌桌面照明是空间中的照明重点，为使菜肴色调更加鲜明好看并引起客人食欲，酒店餐厅应多使用显色性高的光源在餐桌上方设置重点照明，如无法在每一个餐桌上方提供重点照明，那么可以将餐厅中的一般光照强度值设计得偏高些。配光可以使照明富有立体感和层次感，故可使用壁灯或射灯改善一般照明的平面化特征，使空间照明层次更加丰富。（图2-187）

▲ 图2-187　上海镛舍酒店餐厅

2. 西餐厅

西餐厅经常用于非正式的商务饮食或休闲用餐，室内照明设计一般以营造温馨而充满情调的氛围为主，一般光照强度值应取 50 ~100 lx，重点部分照明取 100 ~ 150 lx，色温要求在2500 K 以下，有利于营造氛围，照明中艺术照明要多一些。西餐厅的灯光规划除了要考虑环境照明外，也应着重注意不同用餐区的照明。桌面照明依旧是重点，点光源照明愈加独立，其可以突出食品、饮料的各种色彩和形状，必要时可用灯具、蜡烛进行二次弥补。餐厅一般设有小舞台，舞台灯光一般应单独规划，通过光来引导视觉的焦点。

3. 宴会厅

高档酒店宴会厅是宴请宾客、举办婚礼等活动的重要场所，整体气氛应该是庄重的、友好的，宴会厅的灯光照明设计应采用造型大气优美的大型吸顶灯装饰、豪华富丽的宫殿式吊灯与点光源筒灯、射灯的组合照明方式，以烘托宴会厅热烈的气氛并营造出富丽堂皇的场景。

相较于西式餐厅，宴会厅照明的照度要高出许多且应该是均匀的，一般光照强度为200 ~ 300 lx，重点照明区可达到 400 lx，色温为 3000 K 左右，同时显色性 Ra 大于或等于90。深圳文华东方酒店宴会厅（图 2-188）的空间以白色为主色调，配以深色木制座椅，吊顶中央使用水晶吊灯作为主光源，同时点光源与带光源作为点缀，提升了空间档次，整体空间显得干净清爽、高贵大气。

▲ 图 2-188 深圳文华东方酒店宴会厅

（三）酒店会议厅

考虑到会议室的自身功能性，在设计时应保证空间的整体亮度，在保证会议顺利举行的同时提高参会人员的注意力。同时应考虑演讲与投影，照明应分回路控制，放映幻灯片时应关闭部分灯具，以使投影清晰。星级酒店会议厅应以整体照明方式为主，主席台区域要相对独立，用筒灯和格栅灯营造主席台的氛围（图 2-189）。

一般会议厅的光照强度为400～500 lx，色温为 4200 K 左右，显色指数大于或等于 80 Ra。

▲ 图 2-189　迪拜柏悦酒店多功能会议厅

（四）酒店娱乐空间

酒店娱乐空间的灯光照明设计应注重艺术气氛的营造，设计时需要选择不同的灯具和灯源。

1. 舞台的灯光照明设计

舞台灯光照明设计（图 2-190）是舞台艺术的一部分，舞台灯光的调光系统控制着整个舞台的灯光照明，灯光时明时暗、时强时弱、时冷时暖，光色变幻无穷，营造出了热烈欢快、光辉灿烂、富丽堂皇、高贵典雅、甜美温馨、神秘梦幻、浪漫刺激等各种空间效果和气氛。

舞台灯光设计必须掌握光的色彩混合原理。灯光设计师应巧妙运用红、绿、蓝、白等色光，通过光线强弱和光量在比例上的变化，创造出各种理想的色光。舞台灯光的灯具除普通的照明灯具以外，还有专门设计的特种灯具，有适用于舞台表演的追光灯、回光灯、泛光灯、旋转灯、流星灯等，每一种灯可营造不同的艺术气氛。

▲ 图 2-190　龙湖成都武侯星悦荟，画·Live House，现场演艺酒吧

激光是现代舞台灯光的新光源。所谓激光是指通过激光器发射的光束，一束激光是由若干种波长的光组成的平行光，它通常具有比普通光源大得多的功率，激光在舞台灯光艺术中已得到了广泛应用，如酒店歌厅、舞厅在强烈闪动的激光束灯光的照明之下，配合着动人心弦的摇滚音乐和现代舞姿，人们沉浸于音乐的海洋和热情洋溢的舞池之中。激光在舞台灯光照明中的应用充分展现了声、光、电综合应用的艺术魅力（图 2-191）。

▲ 图 2-191　四川绵阳 SPACE 酒吧

霓虹灯在酒店娱乐空间中发挥着重要作用。霓虹灯是利用气体放电而发光的灯具，其制作过程是将细长的玻璃管制成所需的各种形状，然后抽去管内空气并充入少量的氖或氩等惰性气体，通电后就能发出彩色的光。灯光颜色依所充气体而异，如果充入氖气则发出红橙色光，如果充入氩气和汞混合的气体则发出青色光，如果充入氖和汞的混合气体则发出绿色光，为获得更多的颜色，还可在玻璃管壁上涂上不同的荧光涂料。

▲ 图 2-192　河南开封 X-SPACE CLUB

霓虹灯光色彩设计（图 2-192）需注意两方面问题：一是为减少眼睛疲劳，各种色光必须有一定的光谱秩序，增加柔和感；二是霓虹灯明灭转换的时间间隔必须达到最佳，以增加节奏感。

2. 大堂酒吧

在高档酒店，大堂酒吧通常通过距离间隔、各式窗帘、绿化、装修等将可能直射进来的阳光遮住，同时开启吧台区域和天花上的灯，将灯光与自然光对环境的塑造作用结合起来。每逢傍晚，大堂酒吧都成为酒店公共区域里的第一个亮点，这同样依靠照明艺术来导演：每一张台、每一把椅、每一位客人、每一个盆栽、每一幅画、每一个陈设都需要被精心布置的照明装饰。酒店氛围基调是暗的、静的，灯光是层次分明的，而不同的材质、不同的造型在不同的光源下展现出多变而丰富的色调（图 2-193）。

▲ 图 2-193 西安 Linow 酒店大堂酒吧

六、客房照明设计

酒店客房应该像家一般宁静、安逸、亲切、温暖，故大多应以暖色调为主。照明设计是现代酒店客房设计中最为重要的环节之一，不应只局限于视觉功能或采取单纯追求亮度的设计思路，而应追求一种人性化设计，丰富住客的心理感受，综合考虑人的生理、心理反应及文化、思维，实现客房照明设计的人性化。

不同风格的客房的照明方式可以灵活多样，可使用暗藏灯带或以洗墙灯为主，不建议在空间中设置大面积环境光。局部功能区可以设置射灯，起到在某种情境下增加某一区域光照强度的作用。

客房的显色指数要求大于 90 Ra。一个光源的 Ra 值越高，表明它的显色性就越好。但因为 Ra 取值为色样平均值，所以，虽然有的光源显色指数高，但对某一特定颜色的显现仍可能较差。显色性好的光源比显色性差的在同样的条件下有较低的光照强度（表 2-5）。

表 2-5 旅馆建筑照明标准值（客房）

房间或场所		参考平面及其高度	照度标准值（lx）	统一眩光值（URG）	显色指数（Ra）
客房	一般活动区	0.75 米水平面	75	—	80
	床头	0.75 米水平面	150	—	80
	写字台	台面	300	—	80
	卫生间	0.75 米水平面	150	—	80

（一）客房休息区

客房光照强度需要低些，以体现静谧与惬意的氛围。考虑到客人的休息方面，光照强度不宜过高，一般在 50 ～ 100 lx 之间，局部阅读功能照明约为 200 lx，色温整体应保持在 3000 K 左右。根据区域功能的不同，卧室需用暖色调，床头阅读照明应配置可调光的壁灯或台灯，工作区域的书桌应配置台灯（图 2-194）。

▲ 图 2-194　南京苏宁钟山国际高尔夫酒店客房

　　休息区的总体照明区域可细分为床头、书桌、茶几、电视背景墙等。床头灯照明应满足临时阅读需求，因此光照宜干净且亮度适中（色温最好为中性白，光照强度不低于 300 lx）。

书桌照明集中于桌面，因而一盏台灯是不二选择。但由于空间亮度过低，长时间工作会造成眼疲劳，所以为了提供更为人性化的照明，可在书桌上方设置提高环境光的灯具。茶几上方摆放一盏小射灯，既可使宾客清楚地看清桌面，又给室内增添了一些气氛。电视背景墙上方的灯具可给室内提供柔和的环境光以缓解眼疲劳，注意其亮度应低于电视屏幕亮度（图 2-195）。

▲ 图 2-195　MilieuProperty 酒店客房

（二）客房玄关与过道

客房玄关与过道一般连接在一起，是客人进入客房的第一道屏障（图2-196），主要控制开关都集中在此，为清晰显现控制区，灯具平均光照强度应不低于 200 lx。

过道是连接各功能空间的纽带，起着承上启下的作用。整体色温应为 3000K，平均光照强度约 150 lx，显色性不低于 80。过道的照明方式应多样化，可暗藏光管、壁灯，配合卤素射灯，在过道营造出良好的装饰效果，通过对灯具不同投光方式的调节，形成不同形式的灯光造型装饰，提高过道的趣味性，吸引人们的注意并对酒店独特的灯光环境产生深刻印象。通向客房的过道在设计时要把握好光线的设计，保证其既能达到基本的照明需求，又能有私密性。可通过智能调光系统定时调节，更加节能省电。

▲ 图2-196　北京通盈中心洲际酒店

（三）客房卫生间

客房卫生间（图2-197）需要高色温的灯光以体现其清洁。干净、简洁是现代卫浴空间应具备的特点，光滑洁白的洁具与光线的亲密接触，使其表现出圣洁、完美无瑕的质感，让人忍不住享受它的美。用色温为 3500 K以上光源，照明以柔和均匀为宜，采用防雾筒灯或吸顶灯为基础照明。梳妆镜前灯要求选择既能满足局部照明需求又保证显色性良好的灯

▲ 图2-197　布拉格世纪古城酒店客房卫生间

具，照明需要能满足刮胡子、化妆、洗澡等活动的照明需求。在浴室里，镜前灯能通过镜面的反射给空间提供一定照明。重点照明光照强度为 200 ～ 300 lx，环境照明约 100 lx，显色

指数不低于 90 Ra。

（四）客房灯具选择与照明细则

1. 灯具的选择

①客房应少设吸顶灯、吊灯，应按功能要求设置多种不同用途的灯，如床头灯、落地灯、台灯、壁灯、夜间灯等。光源以白炽灯为主。

②酒店卧室中的照明通常采用吸顶灯和壁灯或者带有纱罩的灯，在有写字台的卧室内，常采用可以移动的落地灯或者台灯。为了体现客房静谧、私密的特点，一般客房的光照强度都较低。

③客房入口的小过道的天花板应设筒灯或下射式灯具，使入口处和壁柜有一定的亮度。

④客房书写空间为了满足客人在桌上的书写或化妆需求，多采用台灯和镜前灯。

⑤客房起居空间的落地灯和窗帘盒的暗藏灯为窗前休息区提供了照明。

⑥应在浴室内设置普通照明，让其与镜前照明相呼应，一般高星级的酒店经常采用标准荧光灯，但因为其显色性较差，导致了质量高低的明显对比，因此，浴室中只能提供具有良好显色性的光源。

2. 照明细则

①床头的照明灯应没有眩光和手影，而且开关要设在客人伸手可够到的范围之内。

②床头的照明灯具宜采用调光系统。客房的通道上宜设有备用照明。

③床头灯的设置应该便于客人躺在床上阅读，灯的照射角度应该保证不干扰到房间其他客人的休息，并通过调光系统调节光的强弱（图 2-198、图 2-199）。

▲ 图 2-198　重庆两江新区高科希尔顿酒店

▲ 图 2-199　南京苏宁钟山国际高尔夫酒店

④客房的梳妆镜台和床头照明属于局部照明，这些照明应该有足够的光照强度。

⑤客房照明应防止产生眩光和光幕反射。设置在写字台上的灯具亮度不应大于每平方米510 cd，也不宜低于每平方米 170 cd。

⑥客房穿衣镜和卫生间内化妆镜的照明灯具应安装在视野立体角60°以外，灯具亮度不宜大于每平方米 2100 cd，卫生间照明的开关宜设在卫生间门外。

⑦客房的进门处宜设有除冰箱、通道灯以外的所有电器的电源开关。

七、酒店照明技术

（一）酒店光环境调控系统的应用

如今，在酒店照明设计中，不仅要有符合酒店气质的灯光氛围，而且要对光环境有精准的控制能力。照明控制使一个空间的功能、氛围具有灵活可变性，显得格外重要。现如今酒店照明控制主要有开关控制方式、程序调光控制方式、传感器控制方式等。多种照明控制方式使酒店空间在不同情况下进行设计时更具针对性。

现有的无线控制系统使客人在房间的任何位置均可对电器及灯光进行控制。在房间内，遥控器无需指向接收窗即可实现遥控。灯光控制可设定为开关型、软开关型与调光型。软开关型灯光控制只需按一次键就可以使灯光自动逐渐变暗或变亮，调光型灯光控制只用一个按键就可以对灯的亮度变化进行遥控，彻底消除了"微电脑客房控制器"只限于在床头柜附近使用、使用范围小、面板易损坏的弊端，让客人有了随心所欲、宾至如归之感。酒店也利用较少资金投入将硬件快速升级，提高了服务档次。

（二）酒店照明控制

酒店照明设计中不仅要有符合酒店特色的灯光氛围，还要有对光环境的完美控制，灵活地使用一个空间的情况便因此增多了。首先最简单的照明控制方式是使用开关，即通过开关得到满足空间使用要求的照明效果。

其次，通过程序调光装置控制，五星级以上的酒店大堂或大型就餐区不能只简单地使用开关来控制。越大规模的空间，越容易出现戏剧性的照明变化，尤其在不同的配光照明灯具和顶棚以外的墙面或地面上也有照明灯具时，就更加需要调光装置来控制照明。

再次，带有传感器的开关一般有热敏传感器和光敏传感器。例如，人进入带有传感器照明灯具检测范围内，灯就会亮，人离开时灯便会自动关闭。

最后，要对不可见光进行控制，从而达到光环境所需的良好效果。

八、酒店照明设计思路

对于酒店照明而言，长期以来的首要目的是把黑暗的空间照亮，其次是要达到酒店空间所要营造的空间氛围。灯具在数量和质量均要满足使用需求。

（一）了解酒店的空间构成及方案思想

要充分了解酒店的空间构成，在此基础上根据设计师所预留出来的灯光位置及设计师关于氛围营造的构想，对顶棚、墙面、地面及展台位置等的灯光进行计算与处理。

（二）运用计算机辅助室内灯光模拟

依据前期设计构想与设计方案，巧妙运用 3D Max、DIALux evo、PhotoShop 等计算机辅助软件进行灯光模拟的效果图制作。计算机辅助软件的应用将设计引入更加智能与高效的环境之中。在虚拟场景中进行空间与建筑的照明规划与计算、模拟灯光环境，完成绘制、调色等工作，实现对真实场景的模拟与仿真。相关辅助软件的应用帮助设计师比较不同的设计方案并获取更多灵感，最终将设计方案更加完整地呈现出来。

（三）照明设计图中表述的内容

对照明的要求框架定下之后，需要绘制灯具布置图（灯具清单）。设计员需要根据以上图纸绘制布线图，计算出包括灯具在内的照明工程费，因此，设计师在外观图当中要列明电容量、使用光源、电压、有无调光，以及灯具形状、大小、材质、重量、价格、安装方法及安装间距等信息。

设计实训

将人工照明与酒店空间装饰设计紧密结合，完成酒店空间光环境氛围的营造和设计。

一、设计内容
以指定的民宿酒店建筑为设计基础，列出室内所需灯具的基本清单并以新中式风格为背景设计一套完整的灯具搭配方案。

二、设计重点
分析空间功能、视线功能、灯具、眩光控制及在此空间内人的行为特征。

三、作业要求
完成室内灯具布置图、灯具列表、室内光环境效果图的制作。

第五节　酒店主题性设计

一、主题酒店设计的内涵

主题酒店是指以酒店所在地最有影响力的地域特征、文化特质为素材，进行设计、建造、装饰、生产和提供服务的酒店。其最大特点是赋予酒店某种主题，并围绕这种主题建设具有全面的差异性的酒店氛围和经营体系，从而营造出一种无法模仿和复制的独特魅力与个性特征，实现提高酒店产品质量和品位的目的。

（一）主题酒店的定义

主题酒店即以酒店为物质载体，以客人的感官、精神体验为关注点而成的服务休憩空间。具体来说，是以某一特定的主题主导酒店的建筑风格和装饰艺术，以特定的文化氛围让顾客获得别样的文化感受。同时将服务项目融入主题中，以个性化的服务取代一般化的服务，让顾客获得欢乐、知识与刺激。这种体验式的消费形式逐渐引起国内业界和学术界的广泛关注。

主题酒店是舶来品，最早出现在美国，英文叫"Themed Hotel"，意思是"被主题化的酒店"。

主题酒店是集独特性、文化性和体验性为一体的酒店。独特性是要特立独行，它是酒店的核心竞争力和战略出发点；文化性是酒店主题的内涵，是酒店执行的具体战术和手段，酒店要通过文化来获得竞争优势；体验性是酒店所追求的本质，酒店最后要通过给顾客独特的体验实现获得高回报利润的最终目标。三者相互渗透，只要缺少其中任何一方，主题酒店都会脱离其经营目标。

（二）主题酒店的类型划分

依据文化类型划分主题酒店是最常见、最准确的方法。文化是指人类在社会历史进程中所创造的物质财富和精神财富的总和，也可以特指精神财富，如科学、教育、文艺等。根据主题酒店所选取的主题文化的类型，可以将其分为以下几类。

1. 历史文化类主题酒店

历史文化是主题酒店在选取主题文化时最常考虑的题材，历史文化是人类在不同历史发展时期留下的时代烙印。历史文化是最能反映一定时期内人们生活情景的证据，也是现代人最有兴趣去了解的话题。历史文化类主题酒店往往选择历史上的某个时期的事物作为其主题文化，在酒店中还原当时的环境，使顾客一走进酒店就能够感受到穿越时空的乐趣并能切身感受到浓郁的历史氛围。国内的代表案例有以清代文化为主题的沈阳清文化主题酒店、以唐代文化为主题的西安唐华宾馆等。这些主题酒店皆选取了古代历史文化作为酒店的主题文化，不仅让酒店特色鲜明、文化气息浓郁，更让地域特色文化从文化资源转变为文化资本。

历史文化类主题酒店在国外也有一定的发展，如美国的亨利酒店（图2-200）。该酒店位于美国国家历史地标理查森·奥姆斯特德园区的中心，建筑原址是 Henry Hobson Richardson 设计的纪念性建筑——布法罗疯人院。该项目赋予这一被长期废弃的杰作以新的生命，有助于城市的复兴。改造后，玻璃与钢制入口作为信标，联系着外部景观和隐秘的停车区域。新入口采用了轻盈而高度透明的建筑材料，鲜明的当代特征与具有

▲ 图2-200　亨利酒店外观

▲ 图2-201　内部走廊、楼梯

历史气息的砖石建筑形成了对比。建筑内部保留了原有的楼梯和光线充足的宽阔走廊，酒店将其进一步修缮（图2-201），同时也保留了建筑的宏伟特征。空间内增加和移除了部分空间，使新建筑能满足全新的用途。原建筑内部的小病房被合并在一起并改造为现代化客房。客房内宽敞低调，房间保留了原建筑的尺度与特点，床头板上方涂有 Richardson 设计的图案（图2-202）。顶层的大型阁楼式套房设有倾斜的天花板，部分横梁裸露在外，展现了建筑的内部结构。

2. 自然风光资源类主题酒店

自然风光资源类酒店将取某一著名的自然风光作为酒店的宣传主题，主要手段是依附于某种自然资源展开设计和构建，或是将某一自然生态景观微缩到酒店中，使顾客产生身临其境的感觉。其实自然资源本身并不能算主题，是设计师把资源转换为产品，进而转化为主题文化，成为酒店借以发挥的主题。

▲ 图2-202　套房

下面黄山祥源云谷度假酒店（图2-203）为例。酒店位于黄山风景区六大景点之一的云谷寺腹地，海拔800米，群山环抱，云雾缭绕，环境幽静，极富大自然之野趣。酒店的前身黄山云谷山庄是一组带有徽州古民居特点、由东南西北中五个区域组成的徽派建筑群。整个建筑群以围合式院落为主，依山而建，分散布局，傍水跨溪，完美地融于自然中。祥源云谷酒店在设计中最大程度地保存了旧建筑的气质，运用现代设计手法去维护这种难得的历史气息（图2-204），使得建筑、室内空间和自然园林共同呈现出生境、画境、意境的升华、交融，从而使宾客产生一种自在恬然的心境。客房设计灵感来自黄山初春的绿意，大自然的力量使得空间通透轻盈、生机盎然，让人精神焕发。酒店通过细微的调整，满足了现代人的宜

▲ 图 2-203 祥源云谷酒店庭院

▲ 图 2-204 祥源云谷酒店建筑细节

▲ 图 2-205 祥源云谷酒店客房

▲ 图 2-206 青普土楼文化行馆建筑外观

居需求，内饰与家具的搭配更是以简洁的现代线条体现了室内古雅的意境（图 2-205）。

3. 地域民族类主题酒店

地域民族类主题酒店主要以少数民族文化为主题，如成都西藏饭店是国内有名的"藏文化"主题酒店，还有一些在原建筑基础之上改造而来的酒店建筑，如福建漳州的青普土楼文化行馆由五栋传统的客家土楼建筑组成，拥有十分悠久的历史，其中三栋在晚清时期建成。设计者将客家土楼古老的、以夯土墙和木结构为主的风格保留下来（图 2-206、图 2-207），维持了建筑的原始样貌，同时在空间中布置了富有当地特色的艺术装饰，强调了青普特有的文化内涵。建筑内部的板岩与温暖的实木、冷杉木搭配，古典样式的柱梁与现代空间结合在一起，展现出出传统工艺的美感。室内家具的设计将传统工艺与现代的设计语言结合起来，更好地适应了当代中国人的生活方式（图 2-208）。

▲ 图 2-207　青普土楼文化行馆庭院

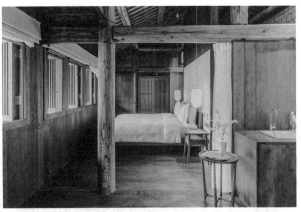

▲ 图 2-208　青普土楼文化行馆客房

4. 城市特色类主题酒店

城市特色类主题酒店通常以历史悠久、具有浓厚文化氛围的城市为基础，以微观的方式再现知名城市的环境特色。酒店主要以微观仿造、局部模拟等方式再现该城市的风采。

以官塘安麓酒店为例（图 2-209），该酒店位于四川成都，成都地处古蜀文化发源地，作为中华民族的摇篮之一，具有悠久的历史和深厚的文化底蕴。酒店以川西古建筑为基础，独创出一年四季的古韵风貌，充分展现了原始川西民居的特色，展现了天府文化，让人沉浸在这份美好的体验之中。在低建筑密度下，聚落得以与周边的高大乔木、竹林、河流及外围耕地自然融合，将川西风情依山林而立、傍溪水而安的情趣体现得淋漓尽致（图 2-210）。部分建筑空间使用的穿斗式结构与均衡对称的比例，让人仿佛置身于古代街巷，其中的现代感让人流连忘返，两者的结合，为建筑注入源源不断的生命力（图 2-211、图 2-212）。

▲ 图 2-209　官塘安麓酒店全景

▲ 图 2-210　官塘安麓酒店园林

▲ 图 2-211　官塘安麓酒店客房庭院

▲ 图 2-212　接待大厅

5. 名人文化类主题酒店

这类酒店以人们熟悉的文艺界名人或政治名人的经历为主题。很多相关主题酒店由名人工作或生活过的地方改造而成。

6. 艺术特色类主题酒店

音乐、美术、电影等，都可以成为该类酒店的主题文化。

如杭州那云星空宿设计师民宿（图2-213）的设计遵循其整体环境风貌，以体块穿插、洞穴弧形展现设计手法，运用了水泥生态漆面、水磨石和老木头等纯粹的材质和虚实交错的表现形式，利用克制与平衡、表象和内在的矛盾统一来表现设计本质，给宾客带来一步一景的体验。洞穴式的布局利用弧形

▲ 图 2-213　那云星空宿前台休息区

设置，去除繁多的装饰件与结构体，设置错落有致的阶梯布景并将圆形灯球穿插其中，创造出动态的视觉效果，突出内部空间形体光影与虚实的变化。设计中运用弧形圆拱，并将阳角墙体进行了柔和处理（图2-214）。连续的弧线串联起每个私密、独立的空间。设计师在客房设计中秉持"多创造女性的视线安放之处"的理念，使空间结构更像洞穴（图2-215、图2-216）。

▲ 图 2-214　那云星空宿慎独空间

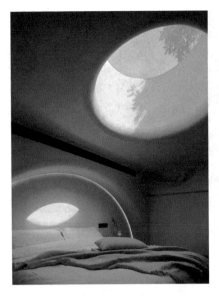

▲ 图 2-215　那云星空宿客房天窗　　　▲ 图 2-216　那云星空宿客房转角

7. 其他个性类主题酒店

主题酒店除上述类型外，还有很多其他具有个性的主题酒店有待被发掘。

越南岘港的 Le Bouton 酒店（图 2-217）是以海滩风光为主题的酒店，这是一个与当地自然风光融合在一起的建筑。设计者大量使用白色和象征着海洋的蓝色，将室内设计放在前面，将立面变成风景本身，将岘港的精神融入设计中的每一部分。屋顶天窗的设计模仿了海底洋流，让游客有在海中漂浮之感，天窗不仅起到扩大视野、引入自然光和流通空气的作用，还有将空间连接在一起的作用（图 2-218）。充满天然海砂的地下室花园被设计成一个敞开的空间，可充分采光。旱花园则被塑造成一个微型海滩，其中轻巧的柱子象征中央海岸的山脉、沙滩和多样植物种类（图 2-219）。酒店以本土文化为基础，巧妙地在每一处设计中都使用当地特有的建筑材料及装饰材料，突出了极

▲ 图 2-217　Le Bouton 酒店立面　　　▲ 图 2-218　Le Bouton 酒店的关窗

简的布局和材料质感。这种方式在保留传统文化价值的同时，也为当地经济的发展做出了贡献。休息区的石凳和木桌也由当地艺术家制作，将访客带回岘港本土的自然环境之中（图2-220、图2-221）。

▲ 图 2-219 Le Bouton 酒店沙花园、旱花园

▲ 图 2-220 Le Bouton 酒店套房

▲ 图 2-221 Le Bouton 酒店休息区

（三）主题酒店的设计现状

1. 国内主题酒店

主题酒店在我国出现的时间还很短。出现最早的一批主题酒店是 1995 年建成的以乒乓文化为主题的玉泉森信大酒店、2001 年开业的以自然生态为主题的广州长隆酒店、2003 年开业的以清文化为主题的沈阳清文化主题酒店与以儒家文化为主题的济南曲阜阙里宾舍。

从 2004 年往后，我国主题酒店逐渐步入有组织的发展阶段，由于酒店行业内部不断进行互相沟通与经验交流，主题酒店形成了行业组织及运营准则。近年来，国内相继出现了一大批主题酒店，如宁夏大乐之野民宿、台湾 HOSHINOYA 谷关温泉酒店和黄山山野民宿等。随着主题酒店在我国的不断发展，一些历史文化底蕴深厚的城市利用地域特色纷纷推出以山景、陶瓷等为主题的酒店。

　　于 2020 年竣工的天空之院酒店（图 2-222）位于河南省焦作市云台山景区附近，为了保证套房内的视野不被建筑周围的环境影响，设计者将采光处"掀起"，引入更多的阳光、天空和山景，将客人的注意力引向画卷一般展开的开口处（图 2-223）。从日出到日落，弧形的墙面在不同的角度会呈现出不同的光影效果（图 2-224）。建筑前庭院的地面亦被"掀起"，像抽象的山，与远处真实的云台山遥相呼应，同时设计者通过将首层抬高半层，有效解决了复杂的人车流线问题，也实现了场地的土方平衡。从首层室内向外望，磨砂玻璃包围的透明开窗将前庭和远山框在一起，形成了动人的景致（图 2-225）。整个酒店的设计以突破常规的手法，营造出微型院落的空间模式和不可复制的风格特色。设计者运用了"藏"与"露"、借景与框景等造园方法，将整个酒店与远处的山景结合在一起。

▲ 图 2-222　天空之院酒店

传统酒店空间　　　　　　封闭

抬起　　　　　　空中庭院

▲ 图 2-223　开窗示意图

▲ 图 2-224　客房内部

▲ 图 2-225　酒店前庭院

▲ 图 2-226　绿色休息区

2021 年建成的陶溪川陶瓷主题酒店位于中国江西省东北部的世界瓷都景德镇，这里是瓷器的发源地，因瓷器而衍生的发展之路为景德镇打开了全新的世界。设计者以瓷器的发展阶段对不同空间进行了划分，从瓷器起源于中国到传播至世界各地，再到以独特的形态回归故土，每个空间都以不同的方式探索和使用着陶瓷元素。每个空间分别使用不同的釉色作为主色调，穿过酒店的过程，就是穿过不同瓷器的过程（图 2-226 至图 2-228）。在过道的中心，有一个"火窑"，它创造了独特的黑色观景平台，这个"火窑"本身就是一件艺术品，脚下的灯仿佛传递着那来自火窑的强大热量（图 2-229）。客房是居住和养精蓄锐之处，整个空间的设计很是巧妙、稳重。客人可以在带有质朴纹理的长凳上休息。黏土色调主导着空间整体风格，特殊的帆布墙面肌理则为客人提供了与材料相遇和独处的机会（图 2-230）。

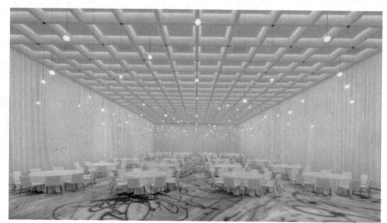

▲ 图 2-227　蓝色水疗区、游泳池

▲ 图 2-228　白色会议宴会厅

▲ 图 2-229　黑色景观平台

▲ 图 2-230　陶溪川酒店客房

随着国内酒店设计水平和审美情趣的不断提高，主题酒店的发展也转向更多元、更富有创意的方向。除地域、历史文化主题以外，同时崛起的还有豪华型时尚酒店。

2. 国外主题酒店

国外主题酒店的发展历史较悠久，最早兴起于美国。美国的加州玛丽亚客栈是世界上最早的主题酒店，也是早期美国主题酒店的典范。国外主题酒店中，以度假为主题的酒店数量最多，近年来国外度假主题酒店已形成世界酒店业的一道靓丽风景线，规模化程度更高，娱乐性及体验性也大幅提高。

Sala Bang Pa-indu 度假酒店（图 2-231）位于泰国大城府，整片建筑被湄南河和运河环绕。建筑设计以当代手法重新诠释了当地的乡村景观，旨在将人与河岸有机联系起来。和泰国常见的乡村景观一样，度假区里的房屋也采用红色、蓝色、绿色、黄色和粉色进行装饰。大堂所在的建筑被刷上红色，与多彩的背景保持了相同的设计语言。桥梁作为大堂的延伸，将人们从运河一侧引向度假区的主要场地（图 2-232）。这座红色的桥看上去十分显眼，与乡村环境融合在一起，在新建筑与当地独特的文化之间建立了联系（图 2-233）。穿过横跨运河的红色桥梁后，客人将来到度假区的"到达平台"（图 2-234），这里以一棵保存完好的大雨树为标志。

▲ 图 2-231　酒店外观

▲ 图 2-232　桥梁通向大堂

▲ 图 2-233　横跨运河的红色桥梁

▲ 图 2-234　到达平台

　　客房部分巧用织物、砖石、天然木材及柳条来进行空间装饰，现代化的空间得以与大城府的地方工艺及特色融合（图 2-235、图 2-236）。

▲ 图 2-235　酒店客房　　　　　　▲ 图 2-236　客房细部

　　酒店公共空间包括餐厅（图 2-237）、咖啡厅和酒吧，起伏的屋顶和轻透的织物天花板营造出了热带建筑独有的露天氛围。整个空间向河岸敞开，座位区延伸至户外，直至与湄南河相接。餐厅空间主要是用砖石打造的，使人联想到大城府的古老历史。与此同时，砖砌元素展现出与其材质具有反差的轻盈感，几乎是飘浮在半空中，让传统材料散发出独特的现代气息。

▲ 图 2-237　餐厅

二、主题酒店设计的特点

（一）别具一格的文化性

　　要建设一家主题酒店，首先要明确其所要表现的主题文化，主题必须是新颖、独特的。所有的设计都应围绕这一主题进行，外观、室内空间、功能设施、装饰摆设、经营管理、产品与服务都将以营造主题文化为中心展开（图 2-238、图 2-239）。

▲ 图2-238　重庆解放碑帆船酒店

▲ 图2-239　帆船酒店客房

（二）内涵的深刻性

　　面对个性化的消费市场，酒店业深层次的竞争必然是文化的竞争，酒店的终极竞争应当是以极富特色和个性的产品及服务满足消费客户的需求的竞争。其最有力的载体和工具无疑是文化，即酒店本身所选择的主题设计。酒店缺少文化，就缺失了生命力，而文化的深度无疑代表了酒店生命力的强度，代表了竞争力的大小。

　　挚舍·南禅观水酒店（图2-240）位于无锡南禅寺脚下，位于旧民居群中，清名桥旁，古运河之滨，故取名为"南禅观水"。设计者在诠释民宿建筑新含义的同时，又传承了历史文化遗产的精髓。旧建筑是典型的传统三进式院落，前低后高，较为保守。旧建筑四周封闭，室内光感不强，楼道狭窄，藏匿了许多安全隐患。改造后的建筑，依旧白墙黛瓦、小桥流水，保留了这座江南小院古朴典雅的气息（图2-241）。简约的落地玻璃及独特的导向系统等现代设计元素，赋予了老宅新的活力（图2-242、图2-243）。整个设计源于历史，归于自然，让建筑、人与自然之间达到一种和谐共通的境界。

▲ 图2-240　挚舍·南禅观水酒店（本哲建筑设计）

▲ 图2-241　酒店庭院

▲ 图2-242　酒店接待区

▲ 图2-243　酒店客房

（三）产品的差异性

　　主题酒店如何在激烈的市场竞争中脱颖而出？不能单靠鲜明的文化特质，还有一点是，必须与普通酒店形成错位竞争。即使整个酒店主题与地域文化、基础建设、经营管理、市场需求相吻合，也要关注差异化，以避免引起大众的审美疲劳。

　　意大利Aquatio洞穴酒店（图2-244）的设计灵感来源于水滴及其不断下落的纯粹意象，并衍生出材料、空间、家具和结构的设计。酒店沿着卡沃索山脊进行开发，地上面积共计约5 000平方米。设计者将凹凸不平的洞穴和拱顶表面都做了铺设青苔和风化清除的处理，使其恢复原本的样貌。在室内空间中，将灯具设置在下方，形成独特的场景效果（图2-245）。

▲ 图 2-244　意大利 Aquatio 洞穴酒店

▲ 图 2-245　酒店内部空间

（四）主题的体验性

　　酒店是一个完整庞大的系统，包括设计构思、设计提案、系统实施与系统评价，每一个环节又分有若干小分支，每一个细节的处理都要考虑到主题的符合、设计的审美与顾客的体验感和对于美的享受。现代酒店不再局限于提供舒适的服务设施及较高的服务质量时，还注重构建高品质的文化环境和精神氛围，努力为客人提供最完整丰富的主题体验，提高他们文化上的享受，同时增加客人的休闲娱乐空间，满足其物质生活之外的精神需求。如 LAQUQ 乡村度假酒店位于意

▲ 图 2-246　LAQUQ 乡村度假酒店室外庭院

大利南部城市索伦托，包括六间套房和一间餐厅（图 2-246、图 2-247）。其建筑坐落在一个开阔的花园中，融合了实用性和美观性，并与周围的景观形成互动。

（五）形象的识别性

　　酒店所选择的主题除了应个性鲜明外，酒店形象也要有强烈的可识别性，才能打造出特有的品牌，形成品牌效应。

▲ 图 2-247　酒店客房

三、酒店主题性设计的手法

（一）主题性设计方法

1. 烘托法

烘托法是酒店主题氛围营造的一种设计手法。设计可以通过文化符号对酒店空间进行设计，还可以通过色彩、装饰材料、陈设等元素来烘托氛围。

色彩通过视觉传达触动人的内心情感并引起人的情绪波动，从而散发独特的艺术魅力，色彩的变换使空间层次变得丰富鲜活。不同的国家、民族对不同的色彩有着不同的喜好和寓意，如阿拉伯国家以白色代表最圣洁的颜色，因此，其在建筑及室内装饰上多采用白色，而日本偏好温馨自然的原木色，中国则将红色作为最喜庆的颜色。因而色彩也是体现地域特征的要素之一，它的合理运用和搭配可以起到强化主题的作用。

装饰材料是设计的主要表现介质。天然的装饰材料取自自然环境，材料也因地理位置和气候条件的差异呈现出不同的地域特质。例如，不同地区的木材、石材等，质地、肌理、纹样等都不尽相同，不同风格的产品运用在空间中所产生的效果也不同，相同的装饰材料使用了不同的加工工艺，也会呈现出迥异的风情（图 2-248）。

▲ 图 2-248　巴厘岛 Tiing 酒店

陈设即软装搭配，是现代室内设计发展的一大趋势。陈设品种丰富多样，包括家具、布艺、字画、盆景、挂物等。室内陈设是打造室内风格的重要法宝，精心的陈设选择和组合搭配能够呈现出非常不同的空间效果和文化氛围，极具趣味性，同时室内陈设还具有实用功能，是室内设计中集审美与功能为一体的重要手段和组成因素（图 2-249）。

2. 隐喻法

隐喻本属于语言学的范畴，是语言学中修辞的一种手法。如果要给隐喻下一个精确的定义，即隐喻是在彼类事物的暗示下感知、体验、想象、理解、谈论此类事物的心理行为、语言行为和文化行为。隐喻法是一种含蓄且具有创造性的表达手法，将当地人们的审美、价值取向、风俗、生活方式、心理需求与思维模式等抽象符号整合提炼成设计元素后表现在酒店空间中。其对人文地理环境、经济基础、民族风情等方面的文化特征进行综合分析，主动构思、整合、创造出新的具有相同文化内涵的隐形文化要素，运用在主题酒店的空

▲ 图 2-249　伊维萨天堂艺术酒店

间设计中，营造出与地域文化相符的寓意，使空间更具文化内涵和设计品质。

在隐喻的设计手法方面，有四个主要的方向，分别是拟人化的隐喻手法、借鉴自然的隐喻手法、借鉴人为产物的隐喻手法以及抽象几何的隐喻手法。如中国民居不同"间"的布局就是以中国古代的社会伦理意识为准则，体现出等级的观念和"风水"的意识。

（二）主题内容与设计元素转换

主题酒店的室内设计需将抽象的文化及文化符号转换成设计元素并落实到具体的界面设计之中。主题文化内容与设计元素之间的转换方式有很多种，有可以在设计中直接应用的文化符号，也有需要深度分析其含义并进行提炼整合与创新应用的文化符号，还有一些文化内容需要挖掘和选择，使其转换的设计元素更加符合空间的主题内容。主题内容转换成设计元素是主题设计的形式之一，但使顾客通过设计元素充分感知和体验主题内容才是主题酒店设计的最终目的。当代设计师有责任探索设计与地域文化的结合点，将传统地域文化通过设计手法传达给顾客，完成对地域文化的传承与发扬。

安塔克亚遗址博物馆酒店（图 2-250）位于安塔克亚的斯塔瑞斯山，设计者对第一次钻探场地时发现的

▲ 图 2-250　遗址上空的酒店休息厅

▲ 图 2-251　遗址上方的模块化客房

▲ 图 2-252　客房内部

设计是彰显酒店特色的重要手段之一，是将酒店主题通过空间界面传达给消费者的一个介质。成功的酒店设计既要满足经营者对酒店风格、定位、功能等一系列需求，还要符合酒店的主题文化。另外，在反映、传达文化及体现酒店特色的同时，其整体风格还应与所描绘的主题环境相符。主题酒店应在设计的过程中充分考虑所选主题特有的风土民情、历史文化等，并将其融入酒店空间的设计中（图 2-253）。

马赛克拼贴与广场遗址进行了保护与修复（图 2-251）。该项目旨在达到两个主要目标，一是代表一种前所未有的文明层面的设计方式，即遗址与酒店相结合，二是将室内设计与传统要素相结合（图 2-252）。

（三）设计主题应用与构建

首先需要明确酒店的类型及功能。酒店的类型是为了满足不同顾客的需求，酒店的功能需求是顾客最基本的需求。对于酒店类型的确定，除了要确定酒店的基本功能需求之外，还要明确主体功能的差异，只有确定了酒店的主体功能和类型，才能为功能穿上主题文化的"外衣"。现在，顾客不仅要求酒店功能的完善，而且更追求愉悦的体验感，更多要求精神需求的满足。所以，主题酒店的主题文化建设可以使顾客获得高层次的精神体验，是区分酒店类型的第一要素。

▲ 图 2-253　北京凯悦酒店大堂吧

在设计方法上，主题酒店设计可通过材料、色彩搭配、设计形式与软装陈设配置等方面体现出来。材料是酒店设计的第一要素，所有的设计想法和理念都需通过材料表达出来，材料的本身也具有独特性，如竹子能表现自然清新的色彩，木材是具有亲和力的材料，石材则能带给人大气却冰冷的感受。当地特色材料的运用也能反映地域性主题，使酒店更添异域风情，增加酒店的

▲ 图2-254　巴西太阳酒店餐厅

独特性（图2-254）。色彩搭配是体现酒店风格的又一重要因素，每一组色彩组合所呈现的效果感觉和风格气质皆是不同的，合理的运用色彩能够更好地烘托主题。酒店的设计形式是体现酒店文化的关键，设计本身就是将构思和想法转化为实际的过程，主题设计更是需要将文化转换为设计符号和元素，这种设计实践就是所谓的设计形式。

设计实训

酒店的主题性营造与设计

一、设计内容

以指定的酒店建筑为设计基础，赋予该酒店鲜明的文化主题。

二、设计要求

1. 酒店的目标人群以休闲度假的年轻游客为主。

2. 酒店的装饰和装修风格鲜明，契合主题。

3. 每间客房有独立的设计主题。

4. 200字以内的设计说明。

三、作业要求

以幻灯片或图片组的形式完成。

第六节　酒店设计流程与方法

一、酒店设计原则

（一）酒店设计准则

酒店是社会的缩影，融入了地方文化，成功的酒店建筑设计作品，不仅使用功能丰富，能为宾客提供优质的消费体验，同时也具有自己鲜明的设计风格，具有美学价值以及深厚的文化内涵。现代酒

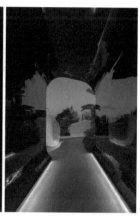

▲ 图 2-255　大理青绿半山酒店改造

店和度假建筑已经成为人们日常社交、旅行和商务活动的重要场所，对于地方经济发展具有重要意义（图 2-255）。其酒店的设计应遵循以下准则。

1. 协调性

很多高端品牌酒店对于自身酒店的建设规模、类型、等级标准和功能布局、空间特色、基础设施等有较为严格的要求。酒店在设计时必须结合规划条件、市政条件及相关规范进行，保证整体结构、平面组合及空间设计的协调性。

2. 实效性

酒店的根本属性是为居住服务的，酒店服务越优质齐全，也就越能够体现出酒店的品质，在设计中需重点关注的就是对酒店建筑的某个组成部分进行有机组织，而非单一地堆砌和分割空间，各个组成部分均应依据自身的功能属性和分布特征进行设计，保证空间利用的最大化，不能只注重空间的大小而忽视了空间的舒适性。

3. 全面性

很多因素都会对酒店建筑的使用效果造成影响，为此酒店需注重舒适性、安全性、人性化。

4. 特色性

在正式开展设计工作前，设计者需要结合酒店的背景以及市场营销策略突显设计的特色，展示酒店特色的主要方式就是对空间的尺度、色彩、质感、光照进行细节的处理，使每个组成符号均烘托出酒店的特色。

（二）系统化设计原则

大部分业主花费巨资建酒店是希望收回投资成本，尽可能地谋取利润，可在许多业主的脑海里一直存在一个误区，就是以为在酒店工程完工后，把钥匙交给一个有本事的管理者，酒店就会像印钞机一样生出钱财。于是，业主在酒店工程即将结束时，才忙于寻找酒店管理公司或招聘贤人能士，殊不知，一个酒店如果在设计时把握不好各个环节，哪怕聘请的管理者有三头六臂，也是不会有好的回报的。

好的酒店设计必须遵循酒店设计原则，酒店设计包括选址、外观、土建、机电、装饰及酒店经营管理六个方面，所以，酒店设计准确说来应称酒店总体规划设计，上述的六项设计内容互为关联，设计时必须通盘兼顾。既然酒店设计涉及多门类、多学科的知识，那么，业主在确定投资酒店时就应组建一个完整的设计班底，邀请投资专家、建筑师、机电和装饰设计师及酒店管理专家参加，请一家熟谙酒店设计的设计公司牵头，对酒店进行总体规划设计。（图2-256）

1. 选址

首先，酒店选址极其重要，五星级酒店不应选建在城市中的低消费区域，而一个旅游别墅型酒店也不应建在闹市区。比如一家由著名酒店管理集团管理的酒店，处在闹市区，车辆进出该酒店极不方便，出租车更有时段限制，导致餐饮客房的生意十分不好，因此，选址不当可能会为酒店的经营带来不好的影响。

2. 外观设计

其次，酒店的外观设计也很重要。一个外观设计具有鲜明个性的建筑无疑会给人们留下难忘的印象，同样也为其可观的收益打下良好的基础。酒店的服务、设施与卫生条件无一不影响着酒店宾客的体验感，但外观却是客户决定是否再来的重要因素。一个好的酒店建筑外观让宾客在放松之时，既能感受到地域文化、风土人情的人文景观之美，也能体会到建筑与环境的和谐之美。（图2-257）

▲ 图2-256 南京园博园悦榕庄酒店

▲ 图2-257 瑞拉斯＆卡特实克斯博物馆酒店

3. 土建设计

土建与机电、装饰的设计是息息相关的，三者的设计应在确定了酒店功能布局及所使用的主要设备后才能进行。比如，高层的酒店建筑必须设有设备转换层，而土建设计须处理好转换层的层高。高层酒店一般要考虑裙楼的设计，没有裙楼的酒店布局很难合理。厨房和设备用房究竟需要多少面积？多功能厅是否可以减少立柱的使用以避免影响使用效果？又如功能布局未确定前，厨房和客房卫生间设计就不能降板，以免后期返工。别墅型酒店在选择空调主机时应区别于高层酒店，否则会浪费资源，管理起来较为麻烦，因而在土建设计时要充分考虑不同空调机房的设置和面积，还有，若墙体采用轻质材料，则在土建结构上可考虑减少钢材和水泥用量，从而大大节省土建造价。

4. 机电设计

许多业主和管理者往往注重装饰设计，而忽视了机电设计。其实，酒店之间的价格竞争核心是成本的竞争，而酒店的很大一部分成本是能耗和设备维保费。这就给酒店的建设和设计者们提出了一个课题：如何做好机电设计，如何选好机电设备？空调系统设计得不好，餐厅包房就会出现新风不足、冷热不均的现象。比如，冷却塔若选用无风扇型，噪声就会小，维修量就会少，飘水量近乎为零，大大降低了运行成本。再如，设计水泵阀门时应注重品牌质量，否则日后的维修费会很高。智能化管理在酒店中的应用已越来越普通，若设计好智能化系统，不仅能迅速收回投资成本，而且能提高酒店的服务水准，节省人力资源，保障设备运行的安全和可靠。

5. 装饰设计

如果说机电设计能够为酒店管理带来良好效益的话，装饰设计则能给酒店的经营带来不可估量的回报（图2-258）。

▲ 图2-258　云南勒东风韵美憬阁精选酒店

明确现代化酒店装饰设计的原则

（1）"以人为本"原则

酒店的装饰设计不仅要与生态文明建设的需求相契合，还要尽可能达成人与自然友好共处的目标（图 2-259）。

（2）美观性原则

酒店装饰的实践性很强，可以将生态建设理念与酒店艺术相结合，实现酒店与周边环境美观性的同步提升。

（3）酒店装饰设计受众多环境因素的影响

在实际的装修环节，相关设计人员要充分考虑到各项影响因素，依据实际情况有效改善设计方案，保证既有自然资源能够得到最大化利用，同时能够为客人提供更加舒适的环境（图 2-260）。

▲ 图 2-259　杭州一栗 · 莫干山度假酒店

▲ 图 2-260　海南三亚的凯莱酒店与山海天大酒店

6. 经营管理设计

酒店经营管理的设计应以酒店效益为目标，所以设计者在设计时就必须先行考虑到日后酒店管理者将面临的难题，比如设计的家具要尽量简洁，线条不要多，这样便于保洁人员打扫房间。在设计房间灯具时应尽量避免诸如落地灯、台灯的使用，代之以顶灯和壁灯，既减少了投资，也方便客人使用，减少了服务员的清洁时间。再如，设计者要根据酒店的定位来设计，如以接待商务散客为主的酒店就应多设计些单人大床间。

一个好的总体规划设计可以使酒店经营管理成功一半，因此，业主在投资酒店前必须找准专业的酒店设计公司，把设计当作大事来抓。业主可多提些建议，少做行政干预，更不要对设计方案用粗暴的方式进行否定。业主应明白一个道理：设计师们花费无数个日日夜夜得到的智慧结晶，就是日后酒店的滚滚财利。

二、定点——确定酒店的选址

正确选址，是酒店成功的先决条件。酒店客源主要为国内差旅、商务、会务及旅游、休闲人员，选址不仅要以便捷、舒适、经济为出发点，而且要综合考虑该地区的长远发展。良好的位置可以帮助酒店降低经营成本，提高营业收入。例如，一进入康奈尔

▲ 图 2-261　康奈尔科技校区酒店和教育中心

科技校区酒店和教育中心（图 2-261），首先映入眼帘的是十八层的酒店大楼，其柔缓的曲面被闪闪发光的双层高铝制立面板包裹着。一对 V 形柱标示着共享庭院开放的首层酒吧的入口，入口处连续的挑檐沿着首层向周边延伸，最终通向威瑞森高管教育中心。

（一）酒店选址五要素

①人流量与交通。选址的首要因素即人流量与交通，因为要保证充足的客源。因此大多数酒店都将人流量大的繁华商业地段作为优先考虑地段。

②区域设施。地段周边公共设施，以及娱乐场所的规模、数量、大小，对酒店的经营有着很大的影响。

③区域规划。确定选址前，了解和掌握当地区域的规划资料。

④聚客点。聚客点是影响酒店生意好坏的关键因素。

⑤竞争者分析。选址前充分了解区域内的竞争对手，掌握该地区目前的市场情况及未来变化，判断近期内当地是否会有新建的同类项目，全面评估该地址是否为最佳选择。

（二）商务型酒店选址原则

1. 选择城市

①商旅活动频繁且拥有大量流动商旅客源的城市。

②中心城市或中心区域。

2. 选择位置

（1）地段是酒店经营的首要因素

①酒店应位于城市的市级商务区、商业中心、会展中心、物贸交易中心、交通中心、成熟开发区、大型游乐和旅游中心。

②邻近城市知名的大学或在校学生数量在两万人以上的教育区或大学城。

（2）交通的便利性

①应邻近火车站、码头、长途汽车站、高速公路客运中心区域。

②应邻近地铁沿线、高速公路城市入口处、主要道路交叉口、交通枢纽中心、市郊结合部、商业网点、汽车终点站、大型停车场附近等区域。

③房屋展示面良好，最好是"金角银边"（十字路口），有一定的广告位。

④最好邻近城市的某个知名建筑或历史文化旅游项目。

⑤周围有比较完善的商业、商务配套设施，可供车辆临时停车，要尽量避免选在密封的快速干道和桥梁。

⑥应靠近商务、商业、景点、会展、大型交通枢纽、大型游乐中心、成熟经济开发区等客源市场。

（三）精品酒店选址原则

以下以松赞度假酒店集团（图2-262）为例进行说明。

松赞度假酒店集团是由藏族人白玛多吉创建的以藏族文化为特色，涵盖酒店、旅行、公益及文化传播的国内藏地度假精品酒店集团，以环线概念打造精品小酒店群，将所在地的自然、人文景观与精品山居酒店、山居旅行融合。起步于2000年的松赞度假酒店，在云南省迪庆藏族自治州开第一家松赞绿谷山居时，一直试图解决的就是游客在旅行过程中的高端配套服务体验问题。目前松赞旗下的十二家酒店已经形成以酒店为节点的松赞酒店香格里拉环线、滇藏线等，依托酒店打造多样化、特色化的旅行产品。

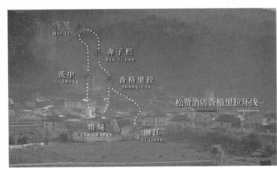

▲ 图2-262　松赞度假酒店区位

1. 好的风景

不同的精品酒店有不同的风格、文化与定位。

松赞度假酒店选址最明显的优势就是漂亮的自然风景，其最大限度地迎合了香格里拉在所有人心中的定位——自然、生态、绿色（图2-263）。

▲ 图2-263　松赞奔子栏酒店周边环境

2. 人文环境

为了能将酒店做成长期可持续的"百年老店"，松赞酒店除追求漂亮的风景外，还特别关注所在区域的人文环境（图2-264）。为满足受众不断升级的消费需求，同时满足不同层次的消费偏好，酒店十分重视所在区域的文化，在选址上更倾向拥有深厚文化底蕴和丰富人文色彩的地方。

▲ 图2-264　松赞奔子栏酒店特色民俗

3. 作为旅行目的地所必备的资源

对于松赞来说，坐落在"三江并流"自然遗产核心区域的所有小酒店不仅仅是简单提供住宿服务的酒店，而是一个完整的旅行平台。精品酒店尤其是作为旅游目的地区域的精品酒店，在选址上需考虑所在区域所具备的旅游资源。相对成熟和拥有绝对吸引力的核心旅游资源将为酒店相关的旅行服务提供有利条件。

（四）民宿空间选址原则

伴随着旅游业的升级，更多人选择入住民宿。一个好的民宿选址不仅需要考虑周边优美的风景，还要考虑其他因素，如人文环境、可达性、周边人群的消费能力等（图2-265）。

▲ 图2-265　富阳阳陂湖湿地生态酒店

1. 周边环境（硬环境）——自然风景和配套设施

民宿对周边环境的要求很高，乡村民宿要求周边自然环境优美，城市民宿要求身处市中心，以方便出行、娱乐为宜。乡村民宿的消费群体一般来源于城市，他们工作在高楼大厦，生活在压抑的环境中，风景秀丽、开阔的自然环境能有效缓解他们的压力，让他们放松自我，从而自愿入住，例如莫干山、普者黑等地方的民宿。城市民宿则与乡村民宿不同，虽没有对于周边自然风景的高要求，但却对周边配套设施有着高要求，选址最好靠近市中心，周边配套设施应完善，满足住客出行、娱乐、生活等需求，方便其出行、生活，如重庆、成都等地的民宿（图2-266、图2-267）。

▲ 图2-266 富阳阳陂湖湿地生态酒店外观与环境（一）

▲ 图2-267 富阳阳陂湖湿地生态酒店外观与环境（二）

2. 人文环境（软环境）——人间烟火气

除周边自然环境与配套设施外，当地的人文环境对民宿同样有较大影响。若酒店周边民风淳朴，人们热情好客、生活健康积极，当地人与顾客之间会形成良好的互动关系。如一个少数民族聚居区，有着独特的风土人情等，这对民宿经营起到了至关重要作用。反之，酒店周边民风剽悍、生活混乱，将劝退大批顾客，从而影响民宿经营。

3. 外部环境——周边消费能力

民宿经营需要相对稳定的客群，因此，民宿选址时需要思考周边群体的消费能力，依据周边人们的消费习惯判断其是否会购买民宿产品及购买频率（图2-268）。

▲ 图2-268 富阳阳陂湖湿地生态酒店客房起居室

4. 可达性——交通便利程度

民宿作为产品，需要宾客到达后才能进行消费。因此，民宿选址应在目标客户的两小时车程范围内，且民宿可达性不仅指客户到民宿的距离短、时间近，还应包括到民宿的路途顺畅。如果民宿选址在半山腰，车道干燥时尘土满天，下雨时泥泞难走，人行道是长长的台阶，道路设计可达性差，就会影响民宿经营进而损失客源。

5. 地域季节性——旅游季节性和商务季节性

民宿入住率不稳定，有时客满，有时则无人问津。看似毫无规律，其实这一切都有迹可循。民宿入住率与选址有很大关系，若民宿选址好，一年四季都适合旅游，无明显淡旺季，若民宿位于商旅中心城市，每月都有相对稳定前来出差或开会的人，那么它们的入住率不会有太大波动。因此进行民宿选址时，需要思考当地旅游业是否发达、是否有季节性，以及是否有商务季节性等，从而掌握入住率变化规律。

民宿选址时应思考周边自然风景是否优美、配套设施是否完善、当地人们是否淳朴热情、交通是否便利。同样需要思考周边人群是否有足够消费水平、地域是否拥有季节性等，从而找出适宜的民宿选址（图2-269）。

▲ 图2-269 缦舍·山居精品民宿酒店

（五）选址与前期调查

综上所述，酒店选址需要重点考量周边的经济发展水平、消费水平、交通便利程度、社会人文情况和现有旅游资源等。经济发展水平主要是指城市等级和人均GDP（人均国内生产总值），交通条件就是酒店周边和酒店所在区域周边的交通情况，社会人文情况就是城市的历史背景，旅游资源就是城市旅游人员和资金收入。而在确定酒店选址方案后，需要从区域内的条件入手进行设计。

从改建和新建选址（表2-6）两个方面进行，对选址区域进行全面调查，充分利

表2-6 改建与新建选址

改建选址	新建选址
1. 保护建筑	1. 基地面积
2. 建筑时期	2. 自然条件
3. 建筑结构	3. 基地环境
4. 建筑特色	4. 基地交通
5. 建筑面积	5. 基地现状
6. 建筑形态	6. 景观范围
7. 建筑设施	7. 城市资源

用现有资源优势,扬长避短。

由于酒店受到已有建筑约束,特别是对于保护性建筑进行改造时,不能按照既定酒店要求进行大规模的改造活动,可以通过加建等方式增加内部空间,或者是改变装修风格等,提高酒店品质。

新建酒店时需要对市场进行充分调查,确定酒店的建设规模和营销策略,合理规划酒店内部房间数量(图2-270)。

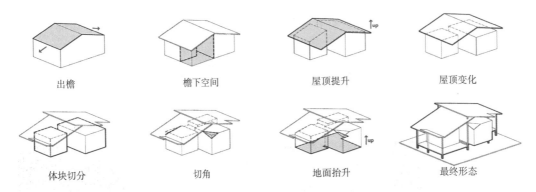

出檐　　　　　　　檐下空间　　　　　　　屋顶提升　　　　　　　屋顶变化

体块切分　　　　　　　切角　　　　　　　地面抬升　　　　　　　最终形态

▲ 图2-270　富阳阳陂湖湿地生态酒店设计策略

三、定位——确定酒店的定位

(一)酒店定位的重要意义

"定位定天下"。思考酒店所服务的客户群、酒店的功能配置、酒店的风格等,这些就是酒店设计的定位。

任何一家酒店在设计初期首先需要明确要建造一个什么类型的酒店。酒店的定位包括:这是一个什么类型的酒店,它的规模是怎样的,它是豪华型的还是中低档的,它是否属于品牌经营,它的星级是什么,它的服务对象是谁等。

酒店定位既能突出酒店产品的个性,也能塑造出独特的市场形象,从而确保酒店的竞争优势,因而酒店定位对于酒店经营具有重要的意义。一个好的定位可帮酒店提升酒店产品竞争力,增加酒店流量,降低酒店投资风险,缩短资金回本周期,增加酒店使用频率,扩大酒店影响力。

设计前,酒店功能定位应明确,切忌模棱两可。如计划建造一个五星级酒店,同时又想吸引三、四星级的客人,即属于不合理定位。思考清楚酒店要迎接怎样的客人,需要多大的建筑面积,同时进行市场分析,以达到最好的设计效果(图2-271)。

▲ 图2-271　缦舍·山居精品民宿酒店

（二）酒店定位原则

酒店的设计风格是酒店最好的名片，能使住客过目难忘，是一个成功的酒店设计的重要标志。酒店设计定位要精确地考虑酒店的经营范围、功能、风格等。

1. 调研市场

同一商圈出现风格相似的酒店会对酒店的流量造成很大影响，同时会增加酒店的经营难度。为避免这一问题的出现，调研市场是至关重要的。

对酒店所在区位、商圈、竞争对手和物业进行调研，可以帮助酒店经营者更好地分析酒店所在区域的优劣势、酒店的发展机遇和发展中可能遇到的威胁，避免出现与其他酒店定位相似等问题。

2. 分析目标人群

以酒店顾客为中心对目标人群进行分析，是了解酒店目标消费者的最佳途径。

首先应明白酒店作为商品是卖给谁的，明确客户群体，其次进行目标人群定位，将目标人群细分，找到主要目标人群和次要目标人群。最后对细分目标人群需求进行分析，充分了解目标人群的消费需求（图 2–272）。

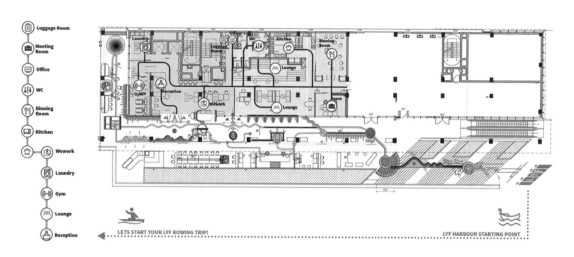

▲ 图 2–272　某住居酒店上线以及智慧功能的接入，用户旅程地图

3. 视觉锤 + 体验钉

要有创意设计。植入可玩、可乐、可拍的消费者感动点设计，使酒店富有趣味，做目标人群心中满意的酒店。

在视觉锤方面，酒店设计须符合酒店属性，具有吸引力的同时具有传播性，可通过醒目、有创意的超级符号增加自身的辨识度。其次在体验钉方面，要增加令消费者感动的设计，有温度、人性化的设计可提升目标人群的体验感（图 2–273）。

▲ 图 2-273　大理青绿半山酒店

4. 房型配套定位

酒店类型众多，配套房型也大不相同。依据酒店类型做好房型配套是定位中必不可少的工作，有利于明确酒店本身的定位与目的，并找到合适的经营特色和范围。

通常一个酒店的房型应是 6 ~ 8 个，小于 6 个会使消费者的选择余地变小，大于 8 个会让消费者选择困难，影响转换率。

酒店房型的设置也应从酒店实际出发，酒店要做好房型配套定位。

5. 品牌投入定位

酒店品牌主要解决"你是谁"的问题。

定位酒店品牌不是做产品，也不是做服务，而是告诉消费者"你是谁"，你可以满足他的哪些需求。酒店品牌是酒店和消费者建立更深层次关联的纽带（图 2-274）。

▲ 图 2-274　MIST 温泉酒店，地灯点缀装置

四、定档——确定酒店的档次

（一）酒店定档重要意义

酒店等级体现了酒店的豪华程度、设备设施水平、服务范围及服务质量等。对于酒店所服务的群体，酒店定档可使其了解酒店设施及服务情况。因而酒店等级的高低可满足不同层次的宾客需求。

酒店等级主要依据酒店位置、环境优雅程度、设施齐备情况、服务水准等划分。目前国际上在酒店等级划分上未有正式规定，但有公认评级标准，如清洁程度、设施水平、家具品质、维修保养服务与豪华程度。各国、各地区在酒店等级划分上都有自己的标准（表2-7）。

表2-7 酒店类别与等级表

高档	会议型	度假型	商务型
中档	主题酒店		
经济型	连锁快捷酒店		
便宜	招待所	社会旅馆	短租房	家庭公寓

（二）酒店评定标准

应依据酒店的豪华程度与服务程度划分酒店的星级，为促进旅游业发展、保护旅游者利益，便于宾客在酒店之间有所比较，国际上曾先后对酒店等级做过相关规定。从20世纪五六十年代开始，国际按照酒店的建筑设备、酒店规模、服务质量、管理水平，逐渐形成了比较统一的等级标准。依据《中华人民共和国星级酒店评定标准》将酒店按等级标准以星级划分，按酒店的环境规模、建筑、设备、设施、装修、管理、服务项目、质量等具体条件划分，可分为一星级至五星级。

此外，酒店业常用STR星级评定标准。STR作为一家数据服务商，每年为各大酒店集团提供数据服务，其中酒店评级即STR的主要服务内容。

STR评级中将酒店分为：
①奢华型酒店，如丽思卡尔顿、宝格丽、瑞吉等酒店；
②豪华型酒店，如有喜来登、希尔顿等酒店；
③高端型酒店如万怡假日、福朋喜来登等酒店；
④中档型酒店，如华美达、豪生等酒店；
⑤舒适型酒店，如亚朵、全季、桔子等酒店；
⑥经济型酒店，如如家七天等经济连锁酒店。

相比传统星级评定标准，STR划分标准更加细致，定位更加准确，能够帮助酒店设计顺利展开（图2-275）。

Luxury 奢华	洲际 Intercontinental Hotels Group 丽晶 Regent Hotels 洲际 InterContinental	万豪 Marriott International 丽思卡尔顿 The Ritz-Carlton 瑞吉 St Regis JW Marriott 豪华精选 Luxury Collection 宝格丽 Bulgari 艾迪逊 Edition W Hotel	希尔顿 Hilton Worldwide 华尔道夫 Waldorf Astoria LXR Hotels & Resorts 康莱德 Conrad	雅高 Accor Company Raffles Orient Express 悦椿庄 Banyan Tree Delano Sofitel Legend 费尔蒙 Fairmont SLS SO / 索菲特 Sofitel The House of Orignals Rixos Onefinestay	凯悦 Hyatt 阿丽拉 Alila 柏悦 Park Hyatt 安达仕 Andaz 君悦 Grand Hyatt Hyatt Zilara HyattZiva The Unbound Collection Destination Hotels Miraval Thompson Hotel	丽笙酒店集团 Radisson Hotel Group	朗廷 Langham Hotels International 康德思 Cordis 朗延 Langham Langham Place	立鼎世酒店集团 The Leading Hotels of the world 嘉佩乐 Capella 璞丽 Puli 宝丽 Bellagio 安麓 Ahn Luh 阿纳迪 Anandi 七尚 Lohkah 璞瑄 PuXuan	瑞颐 Roscwood	其他 Others 安曼 AmanAngsana 富春山居 Fuchun Resort 四季 Four Seasons 卓美亚 Jumeirah 凯宾斯基 Kempinski 文华东方 Mandarin Oriental 尼依格罗 Niccolo 香格里拉 Shangri - La 半岛 The Peninsula 万达瑞华 Wanda Reign 太古 Swire Hotels 钓鱼台 Diao Yu Tai One & Only Belmond 六善 Six Senses 白马 Cheval Blanc Soneva
Upper Upscale 超高端	英迪格 Hotel Indigo Kimpton	African Pride Autograph Collection Delta Hotel Gaylord 艾美 Le Meridien 万豪 Marriott Marriott ConferenceCenter Marriott Executive Apartment 万丽 Renaissance 喜来登 Sheraton Hotel Tribute Portfolio 威斯汀 Westin	Canopy by Hilton Curio Collection Embassy Suites 希尔顿 Hilton Hilton Grand Vacations Signia Hilton	Mantis Mgallery X 2 1 C Art Series Mondrian 铂尔曼 Pullman Swissotel Angsana 25 hours Hyde Movenpick	凯悦 Hyatt Hyatt Centric Hyatt Regency Joie De Vivre	Radisson Collection Radisson Blu Radisson RED	Eaton		新世界 New world	日航 Hotel Nikko 雅诗阁 Ascott 万达文华 Wanda Vista 华美达广场 Wyndham Grand
Upscale 高端	ANA 皇冠假日 Crowne Plaza EVEN Hotels 华邑 HUALUXE Staybridge Suites Voco AF	AC Hotels by Marriott aloft Hotel 万怡 Courtyard element 福朋 Four Points by Sheraton Residence Inn Springhill Suites	逸林 DoubleTree 花园 Hilton Garden Inn Homewood Suites Tapestry Collection	美爵 Grand Mercure 诺富特 Novotel Novotel Suites AparthotelAdagio 美居 Mercure Peppers The Sebel	凯悦嘉寓 Hyatt House 凯悦嘉轩 Hyatt Place	art´otel Park Plaza Radisson				万达嘉华 Wanda Realm
Upper Midscale 中档偏上	假日 Holiday Inn Holiday Inn Express Holiday Inn Garden Court Holiday Inn Select	Fairfield Inn MOXY Protea Hotel TownePlace Suites	DoubleTree Club Hampton by Hilton Home 2 Suites	Aparthotel Adagio Access Mama Shelter		Country Inn & Suites Park Inn			Penta	
Midscale 中档	Avid Hotels Candlewood Suites		Tru by Hilton Motto by Hilton	Formule 1 Etap 金季 All Seasons BreakFree Resort						白玉兰酒店 Magnolia Hotel
Economy 经济型				宜必思 ibis Hotel F1						锦江之星 Jinjianginn 汉庭 Hanting

▲ 图2-275　不同酒店品牌等级分类图

（三）酒店评定原则

1. 评定原则

《旅游饭店星级的划分与评定释义》中对酒店的星级评定原则如下。

若酒店所取得的星级相同，表明该饭店所有建筑物、设施设备及服务项目均处于同一水准。如果饭店由若干座建筑水平或设施设备标准不同的建筑物组成，则旅游饭店星级评定机构应按每座建筑物的实际标准评定星级，评定星级后，不同星级的建筑物不能继续使用相同的饭店名称。

饭店取得星级后，因改造发生建筑规格、设施设备和服务项目的变化的，要关闭或取消原有设施设备、服务功能或项目。达不到原星级标准的酒店，必须向原旅游饭店星级评定机构申报，接受复核或重新评定，否则，原旅游饭店星级评定机构应收回该饭店的星级证书和标志。

　　某些特色突出的饭店，若自身条件与本标准规定的条件有所区别，可以直接向全国旅游饭店星级评定机构申请星级。全国旅游饭店星级评定机构应在接到申请后一个月内安排评定检查，根据检查和评审结果给予评定星级的批复，并授予相应星级的证书和标志（图2-276）。

▲ 图2-276　MIST温泉酒店，雾气与水滴装置

2. 星级酒店功能区域设置与硬件设施配置

　　我国酒店按照《旅游酒店星级划分与评定》可分为一星级至五星级，最高为白金五星级。星级越高，酒店档次越高。

　　同时并非所有的五星级酒店都是一样的，那些我们耳熟能详的五星酒店品牌，其实在级别、定位、文化等各方面都存在差异。

　　（1）一星级酒店

　　一星级酒店的要求：适应所在地气候的采暖、制冷设备，要有16小时供应热水；至少要有15间可供出租的客房；客房、卫生间每天要全面整理一次，隔日或应客人要求更换床单、被单及枕套，并做到每客必换。

　　（2）二星级酒店

　　二星级酒店的要求：在上述基础上还需要有叫醒服务；要有18小时供应热水；至少有20间可供出租的客房；有可拨通或使用预付费电信卡拨打国际、国内长途的电话；有彩色电视机；每日或应客人要求更换床单、被单及枕套，提供洗衣服务；应客人要求提供送餐服务；4层以上的楼房有客用电梯。

　　（3）三星级酒店

　　三星级以上酒店的要求：需设专职行李员，并有专用行李车，18小时为客人提供行李服务；有小件行李存放处；提供信用卡结算服务；至少有30间可供出租的客房；电视频道不少于16个；24小时提供热水、饮用水，免费提供茶叶或咖啡，70%的客房有小冰箱；提供留言和叫醒服务；提供衣物湿洗、干洗和熨烫服务；提供擦鞋服务；服务人员有专门的更衣室、公共卫生间、浴室、餐厅、宿舍等设施。

（4）四星级酒店

四星级分准四星级和四星级。四星级酒店的要求：有中央空调；有背景音乐系统；18小时提供外币兑换服务；至少有40间（套）可供出租的客房；70%客房的面积（不含卫生间）不小于20平方米；提供国际互联网接入服务；卫生间有电话副机、吹风机；客房内设微型酒吧；餐厅餐具按中西餐习惯成套配置、无破损；3层以上的建筑物要有数量充足的高质量客用电梯，轿厢装修要高雅；提供代购、交通、影剧、参观等订票服务；提供市内观光服务；能用普通话和英语提供服务，必要时能用第二种外语提供服务。

（5）五星级酒店

五星级指的是酒店综合水平达到五星的酒店。以上的综合服务都有，并且设备十分豪华、设施更加完善，除了房间设施豪华外，服务设施也更为齐全。有各种各样的餐厅，较大规模的宴会厅、会议厅、紧急救助室，综合服务比较齐全。五星级酒店可以作为社交、会议、娱乐、购物、消遣、保健等活动中心。

具体的评定办法按照文化和旅游部颁发的设施设备评定标准、设施设备的维修保养评定标准、清洁卫生评定标准、宾客意见评定标准等执行。

五、定规——确定酒店的规模

酒店规模的设定与相关的评估、计算密切相关。酒店规模策划与定位在一定程度上影响着酒店的整体性与合理性，关系着酒店的生存与发展。

（一）酒店规模策划主要内容

酒店规模定位分为整体规模定位与功能规模定位。

1. 整体规模定位

整体规模定位即对酒店建设总规模与总建筑面积的确定。酒店在投资建设初考虑酒店性质、项目地点、投资数额、规模大小。酒店规模即是在前三个问题完全确定的前提下产生。

酒店整体规模的定位需要以市场为目标、投资为基础，认真评估、客观判断。

（1）酒店投资规模

包括酒店形象、规格、档次与"星级"设定；酒店投资总额定位；酒店客源市场群体消费标准评估。

（2）酒店建设规模

包括酒店用地总面积的确定；酒店总建筑面积的设定；酒店建筑体形、体量、体位设想（图2-277）。

投资规模由市场评估而来，建设规模由投资规模而定。

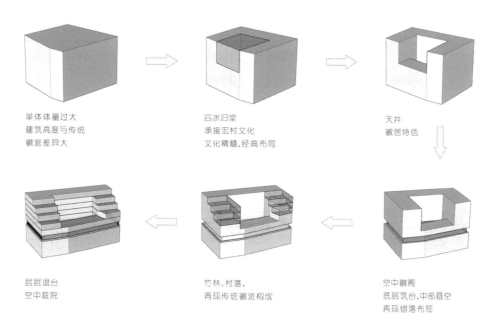

单体体量过大
建筑高度与传统
徽派差异大

四水归堂
承接宏村文化
文化精髓,经典布局

天井
徽居特色

层层退台
空中庭院

竹林、村落,
再现传统徽派构成

空中徽阁
底层筑台,中部悬空
再现错落布局

▲ 图 2-277　安徽黄山东榕温德姆度假酒店，按体量生成

2. 功能规模定位

　　功能规模定位即对整体规模的细化，酒店要明确各个不同功能的规模、面积及相互之间的比例和经营关系。酒店所有经营功能、服务功能与后勤、设备、交通等功能占用的空间和场地都面临最准确也是最终的确定（图 2-278 ）。

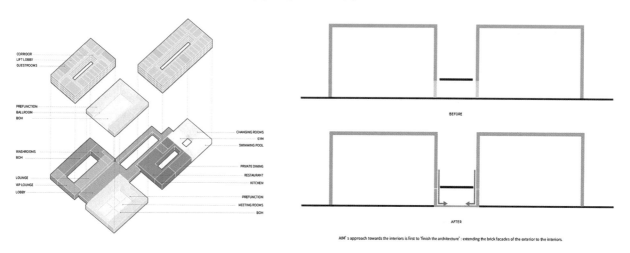

▲ 图 2-278　景德镇陶溪川酒店功能分析

　　酒店内客房占用面积比例依据酒店等级、性质而调整，一般客房面积在酒店总建筑面积中占比较大，但高档酒店的公共经营区域面积较大，客房面积占比则相对减少。而经济型酒店正好相反。

　　客房是酒店投资回报的基石，即使是大型会议、娱乐、度假型酒店也不例外。无论地域与酒店资产如何评估，客房区域的建筑面积占比只要低于30%，酒店就必然面临亏损。表2-8 所示为酒店客房定规的一般规律表格。

表 2-8　酒店客房定规的一般规律

酒店客房总数	酒店规模	酒店规模所占我国酒店业份额	客房总面积占酒店面积比例
100 间以下	小型酒店	50% 以上	约 1/4
100 ～ 500 间	中型酒店	40% 以上	约 2/3
500 间以上	大型酒店	1% ～ 15%	约 1/20

在经济较发达的大中城市中，三、四星级酒店的"功能规模"值得探讨。客房区：公共区：设备后勤交通区约为 2：1：1。尽管不那么绝对，但具有参考价值。可以用这个公式检测规模定位的合理性与可优化程度。

酒店规模定位既要有原则性，又要有灵活性；既是绝对的，又是相对的。

（二）酒店定规流程与管理

1. 酒店定规流程

①首先考虑房间数量，房间规模大致可分为小型、中型与大型三种类型。

②考虑房间的面积、客房面积占有率。

③考虑餐饮区域的数量和面积。

④考虑附属功能区域的组合面积。酒店附属配套设施包括员工餐饮区域、工服房、员工宿舍、垃圾处理房、库房及冷库、设备用房、管理用房等。

⑤考虑酒店室外面积，以及布局与外部环境的协调性。

2. 酒店规模管理方式

以 200 间客房作为酒店基点，可分为以下几种情况：

①少于 200 间的酒店，经营管理要体现出个性化。员工工作效率相对较高，因而可减少员工人数，尽管缺少大酒店在市场营销和预订方面的优势，但酒店仍可获得利润。

②等于 200 间的酒店，员工工作效率达到最高，经营管理费用最合理。

③客房数在 500 ～ 600 间的酒店，管理效率不会很高，特点为面积大、服务人员多、厨房设备多，因此容易占据市场，获得贷款。

中等规模的酒店，需努力降低成本以弥补较低的效率。

规模大的和较小的酒店在较高的收益下，可在设计装修上多下功夫。

六、定类——确定酒店的类型

（一）酒店定类重要意义

酒店定类即确定其服务范围与最终服务群体，依据定点、定位、定档、定规后的最终结果进一步定类，酒店定类使住客依照入住目的及自身情况进一步了解酒店相关服务与特点，因而酒店类型的不同也满足了不同宾客的需求。

不同酒店因主客观因素按照客房数量、客源类型及特点等大致有六种分类方式，即商务型酒店、度假型酒店、长住型酒店、经济型酒店、公寓式酒店与民宿。

定点、定位、定档、定规之后，酒店可对自身服务范围、设备质量与面积规模形成初步印象，从而确定酒店类型。类别不同，酒店客户群体、营收中心、销售渠道等都将不同。

（二）不同酒店类型区别

1. 主要针对对象不同

例如，商务型酒店主要以接待从事商务活动的客人为主，主要为商务活动服务；度假型酒店主要以接待休假的客人为主；长住型酒店主要为租居者提供较长时间的食宿服务，此类酒店客房多采取家庭式结构；经济快捷型酒店则多为旅游出差者、对房间要求相对不高的人服务；公寓式酒店则为追求方便的客人提供酒店式服务；民宿面向想要体验当地生活的游客。

2. 所在地域不同

商务型酒店一般靠近城区或商业中心区；度假型酒店多建在海滨、温泉、风景区附近；长住型酒店以套房为主，既提供一般酒店的服务，又提供一般家庭的服务；而经济快捷型则对地域要求不大；公寓式酒店主要集中在市中心的高档住宅区，集住宅、酒店、会所的功能于一体；民宿多由依托周边环境资源的当地家庭演变而来，具备承载传统、特色文化的功能。

3. 所需花销不同

商务型酒店设施较为豪华齐全，再加上地段因素，因而价格相对较高。而经济型快捷型酒店设施较为一般，但价格相对比较亲民。民宿的服务与体验的不同，收费也不同。

七、定能——确定酒店的功能布局

（一）酒店定能的重要意义

酒店设计者不仅要设计一个独一无二的酒店环境空间，同时也应重视酒店的功能性。设计是深入酒店经营方方面面的过程。客房、厨房、客用电梯、互联网等很多酒店功能的组成部分都应成为设计的重点。酒店的设计和装饰并非程式化的工作，需要不断创新，同时也要适应酒店所具有的经营理念。LYF 杭州共享生活空间住居酒店（图 2-279）将设计理念定位为"游园会之临安肆集＋跨界场景"。项目设计将艺术智能、理想市集、艺术生活、立体花园的概念与杭州国潮、LYF 品牌结合，呈现出这种多元化的空间，整个空间有一种集体狂欢的风格。

▲ 图 2-279　LYF 杭州共享生活空间住居酒店

　　酒店设计的关键在于结合酒店所在地区的地域性特色和功能建设开展设计工作，酒店是综合性较强的公共建筑，是为宾客提供短期住宿的重要场所，同时也提供餐饮、娱乐、健身、会议、购物和商务等多种服务，具有社会服务属性，有区域指示作用，是城市的休闲空间。为此，酒店需注重建筑的功能性设计，对内部空间进行合理划分，充分利用空间。

　　设计酒店室内环境时要注重下列要素：实用功能、建造美学、地域文化、施工工艺与造价。四大要素缺一不可，缺少任何一个方面，酒店在设计时就会存在功能缺陷。酒店设计同样由这四大要素构成，缺了其中任何一个要素都不能称为全面的酒店设计，只能是片面的或者是局部的设计。

（二）酒店规划设计

　　酒店建筑规划设计要"从动到静"，"动"是酒店内部流线的设计，"静"是酒店内部空间的设计（图2-280）。

1. 酒店建筑内部流线的规划设计

　　酒店建筑内部流线设计决定了酒店服务和工作的质量及效率。合理的室内流线设计有助于体现建筑空间的疏密布局、情趣气氛，提高服务效率和质量，也有利于设备系统的

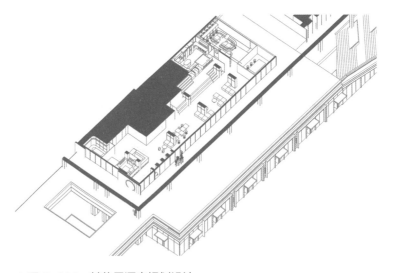

▲ 图 2-280　某住居酒店规划设计

运行和保养。

酒店建筑的流线从水平到竖向，分为客人流线、服务流线、物品流线和信息流线。规划设计原则为客人流线和服务流线互不交叉，客人流线直接明了，服务流线、物品流线便捷高效。

设计客人流线时需对客人进行简单划分，可将其划分为零散客人和团体客人、宴会客人和外来访客。零散客人和外来访客由于人数不固定，酒店可直接将其安排在接待区进行登记。团体客人人数相对多且固定，需要酒店单独设计出入口与接待处，方便大型巴士集中下客，可保证工作效率。参加宴会的人流由于有一定的集中性，所以酒店入口也需要单独设计，如没有单独设计，在人群进入大堂时，工作人员要马上引导分流，不能影响大堂其他功能的使用，以免造成整体混乱。

服务流线是酒店的工作人员在工作中的活动区域动线，是工作人员服务客人时的工作路线，酒店在规划时需要设计单独的员工通道并设计门禁系统，工作人员进入员工区域后要集中领制服、洗浴、更衣、换制服、交接班，然后通过员工通道到达各自的岗位，在各自工作的区域通过服务通道到达需要服务的客人的区域，避免出现客人流线和服务流线交叉混淆的情况。

物品流线的设计要避开客人流线和服务流线，一般为物品的搬运、清理等工作路线，要单独设立出入口。常见的物品流线有酒店餐厅后厨的货物物品流线、厨余流线、酒店客房布草流线等。拿酒店布草来说，需要设置竖向两种类型货梯，一个用来运送污物，一个用来运送干净布草，它们在水平流线中要尽量做到不交叉，避免形成二次污染。

信息流线相对于三种流线来说是完全独立的，信息流线为电话、电视、网络等流线，在设计中要注意美观，避免暴露在外。

2. 酒店建筑内部空间的功能布局

酒店建筑空间设计要遵循酒店建筑功能布局进行设计，根据客人需求合理规划。例如，客房区域是客人休息的区域，需要安静，而娱乐区域是客人休闲的区域，是一个热闹的区域。这二者的功能和氛围在一定程度上是相反的，距离过近会影响到在客房休息的客人。而餐厅与酒水吧又需要紧密结合，二者不能相距过远，每一个区域的功能布局设计既是独立的，又需要结合起来。楼层使得区域功能得到了更好地展现：客房区域处于较高楼层，这里安静，适合客人休息；娱乐区域处于较低楼层，这里热闹，适合客人放松（图2-281）。

（三）酒店功能布局

"酒店"一词起源于法国，分开来讲，酒代表的是餐饮，店代表的是住宿。现在的酒店，除了主要为宾客提供餐饮住宿服务外，亦提供生活服务及设施，如游戏、娱乐、购物、商务中心、会议等。通常情况下，酒店建筑分为接待服务区、住宿区和餐饮区，功能分区需明确，布局应合理，方便人们移动、联系。酒店建筑的规划设计和功能布局要紧贴酒店的功能性，客人是主导，服务是目的，要从酒店的实际出发进行规划设计及功能布局。

1. 住宿功能

酒店住宿功能设计是酒店设计中一个独立单元，是酒店设计中最关键的部分之一。

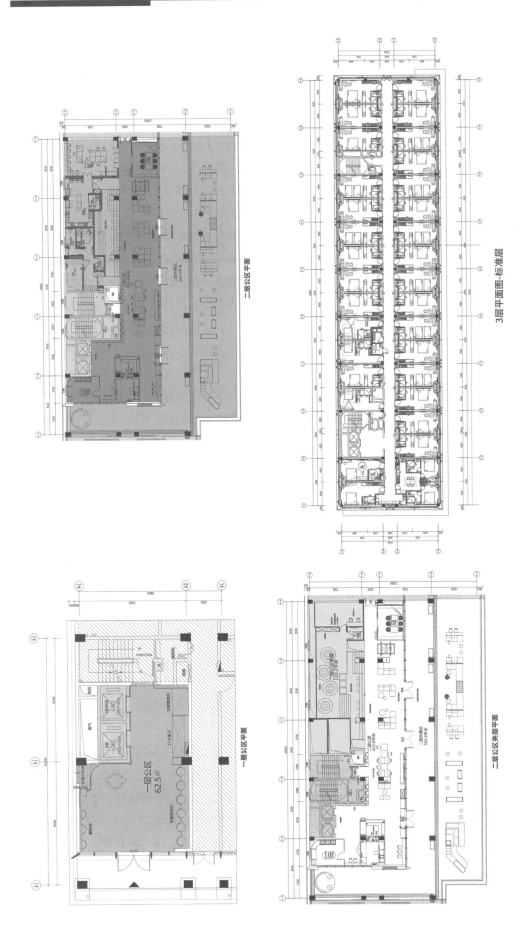

▲ 图2-281 某住居酒店空间功能布局

▲ 图 2-282　大理青绿半山酒店客房空间

▲ 图 2-283　LAQUA Countryside 度假酒店客房空间

▲ 图 2-284　世纪古城布拉格酒店餐饮空间

（1）交通

酒店内的交通通道主要为楼梯、电梯和走廊。当前我国很多建筑均为高层建筑，传统建筑是通过楼梯实现竖向人流移动的，目前逐渐被电梯替代。电梯是竖向的提升工具，需依据酒店的人流量、规模设置电梯的大小。走廊宽度须控制在 1.4 ～ 2.0 米，在客房的入口位置可以适当扩大。

（2）后勤服务

客房层布草间、污物间、机房的合理布设均能提高酒店的日常服务效率，但为了保证客房等服务区面积充足，需要缩小后台面积。对此，可以将布草间和污物间布设于各层中。

（3）客房

客房设计者需以宾客的行为特征为主要标准，在客房内部构建睡眠空间、书写阅读空间、起居空间、储藏空间、盥洗空间、阳台或露台等。睡眠空间设计的关键是床具的选择，需要保证其摆放美观合理。储藏空间内可设置壁柜或者步入式衣橱，一般将其设置在卫生间对面，紧靠墙壁（图 2-282、图 2-283）。

2. 餐饮空间

餐饮是仅次于住宿的酒店的主要功能之一。民以食为天，客人的餐饮体验同样决定其对酒店的整体印象。餐饮设施须独立设计，可参照传统酒店的布局形式。在进行功能设计时，要保持厨房、餐厅空间的连贯性。餐饮空间兼具餐厅、宴会厅、酒水吧和厨房等功能，在布局上主要分为以下形式。

①独立设置餐饮设施，这种布设形式适用于风景区内的度假型酒店。

②餐饮部分应按照水平流线进行横向布设，这在传统酒店中较为常见。

③餐饮部分一般竖向分布于底层，应分层布置，适用于规模较小的酒店（图 2-284）。

3. 公共活动空间

酒店服务项目逐渐增多，应依据酒店自身等级与地区消费水平进行设置。

酒店不只是暂时的驻足休憩地，而转变成为为宾客提供私人空间与公共空间的统一体。酒店公共区域的空间属性正逐渐发生变化，由过去单纯的配套辅助性空间转化为更具内涵、价值的空间，是集功能、展示、社交、体验、收益为一体的综合性公共空间（图2-285）。

▲ 图2-285　吉隆坡 Alila Bangsar 酒店公共活动区

4. 入口接待

接待区决定了客人对酒店的第二印象。接待区应包含入口、服务台、休息区等，要求空间敞亮，视线不受阻，方便服务人员观察酒店宾客进出状态并提供相应服务。适当情况下，酒店可设计出能够代表酒店特色的元素并融入其中。接待区的设计需要根据不同的人群进行划分，如散客人群、大客户人群、团体人群等。根据不同人群的特征，接待区在保证服务质量及效率的同时进行升级（图2-286）。

▲ 图2-286　康奈尔科技校区酒店（左）
与 LAQUA Countryside 度假酒店入口接待区（右）

5. 后台服务

后台服务区是酒店管理的核心区域，后台服务区应包含员工服务区、行政办公区、客房部和工程部等，这些区域的设计要考虑酒店整体规划，酒店往往将其设计在酒店的地下一层。其次设计者还要考虑员工工作时互不影响及员工沟通的连贯性，需要对服务区进行分区设置，并通过服务通道加强各分部的联系。

酒店在人们休闲娱乐生活中的重要性日益突出，设计者在设计时要对酒店进行合理规划，对功能区域进行科学布设，保证酒店结构的整体性、美观性与特色性，为客户提供更加全面和高端的服务，提高经济效益。

一个优秀的酒店既要不失特色，又要做到布局科学和经营合理，在给客人带来便捷服务的同时，创造更多的经济效益。

设计实训

调研分析优秀酒店设计案例

一、设计内容

分析优秀酒店的选址、定位、档次、规模、类型、功能布局等。

二、作业要求

1. 对酒店的主题、风格进行分析。

2. 对酒店的平面功能布局、流线设计进行分析。

3. 分析酒店的设计元素、材质、色彩。

4. 分析酒店的照明设计、软装饰设计。

三、作业要求

以幻灯片的形式完成并进行汇报分享。

第三章

欣赏与分析

| 本章概述 |

本章以商务型酒店空间、精品酒店空间及民宿空间的设计案例为分析对象，对酒店建筑、结构、功能、文化、品牌、材质及空间氛围等进行了解析，帮助学生学习不同酒店空间类型的具体设计与实践应用。

| 目标导航 |

1. 知识目标：了解商务型、精品酒店空间的形成与设计方法；了解民宿空间的发展特征与设计方法。

2. 能力目标：能够开拓设计思维，学会实践性设计表达；学会不同地域文化背景下的空间表达方式。

3. 素质目标：培育学生的创造性设计能力，培育学生价值观念。

第一节　商务型酒店空间设计

一、西安君悦酒店空间设计

项目名称：西安君悦酒店。

室内设计：LTW Designworks。

项目地址：陕西省西安市高新区锦业路 12 号。

位于西安高新区 CBD 的西安君悦酒店（图 3-1）是一座以现代设计为骨、以汉唐文化为魂，体现了丝绸之路文化的艺术杰作。它不仅为旅人提供短暂的休憩之所，更极力为所有宾客展现茶马古道的风情韵味。

西安君悦酒店以其当代属性和多元文化重新诠释了西安的帝城风采和丝绸之路的地理特征和文化积淀。建筑造型的灵感来源于大漠中的海市蜃楼，展现了戏剧性，设计师据其创造出了极具现代感的玻璃塔楼形象。

独特的彩虹几何图案从天桥底部延伸到建筑基底，营造出精美绝伦的场景，即使在远处也可看见。

酒店的外立面幕墙设计兼顾了美学和实用的双重功能，采用了珍贵金属和珍贵石材的材质。实心板直观地强调了塔楼的挺拔感，同时兼具环保功能，减少了透光面积，有助于减少能耗。锯齿形立面还有两个功能：在视觉上创造出独特的三维效果；实心板可根据夏季日照的主导方向设置角度，尽量减少太阳直射的热量增益。

▲ 图 3-1　西安君悦酒店

在酒店底层进去，首先会经过一个醒目的多面造型（图 3-2）入口，之后进入到双层挑高的大堂中庭，顶部倾斜的玻璃屋顶为大堂提供了自然采光，并呈现出类似植物肌理的纤细的几何形状，丰富了色彩层次，营造出大漠中帷帐一般的光影效果。镂空雕刻的

▲ 图 3-2　入口休息区

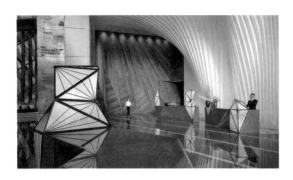

▲ 图 3-3　酒店大堂

▲ 图 3-4　宴会厅

▲ 图 3-5　旋转楼梯

皮影戏是陕西省非物质文化遗产，嘉宾轩（图3-7）的设计汲取了皮影戏的设计特点。从天花板上悬下一张张青铜边框的生皮，把行政酒廊分隔成一个个私密的空间，方便客人使用。

全日制餐厅（图3-8）采用大理石台面、木质餐桌、单椅与柔软的皮质长沙发，互动式的开放空间营造出了一种热闹的氛围，就像古时丝绸之路上的喧嚣市集。

画面反映了盛唐时期皇宫的盛况。

酒店大堂（图3-3）采用大鹏展翅的寓意，气势恢宏，内部由两层高的中庭三角倾斜玻璃天幕组成，接待台后方的羽毛雕塑延伸至天花板上方10米处，就像是一只沙漠之鹰的展开的翅膀。

酒店宴会厅（图3-4）的整体面积达2300余平方米，分上下两层，气派的旋转楼梯（图3-5）及挑空区域将大宴会厅与位于3层的11个会议室巧妙融合，位于前厅区域的豪华气派的旋转楼梯，配以流线型的纹理墙身，生动地呈现出沙丘般的动感之美。

在西安君悦酒店的全日制餐厅与咖啡厅（图3-6）可俯瞰西安都市胜景，该地以大量木制元素和布艺为装饰，生动地呈现出丝绸之路上的一个意趣非凡的集市。

▲ 图 3-6　咖啡厅

▲ 图 3-7　嘉宾轩

▲ 图 3-8　全日制餐厅

　　在空中连廊的另一端，是绣桥中餐厅（图 3-9、图 3-10）。这也是连廊设计的独特之处，一端是西式风格，另一端则是传统中国风，寓意着丝绸之路连接东西方文明。进入绣桥中餐厅，宾客便会有一种宛若置身沙漠绿洲之感，餐厅布置了不少造型精美的树木雕塑，并在部分区域采用红宝石般的石榴色屏风来分隔空间，为宾客营造私密的就餐环境。

▲ 图 3-9　绣桥餐厅入口

▲ 图 3-10　绣桥厅内部

　　酒店客房将现代豪华与精致舒适完美结合，为宾客提供高雅宽敞的居住空间，标准客房自 50 平方米起，豪华客房则达到 75 平方米。设计带有大唐气象，却又不失简约。房间的床头画（图 3-11）呈现出了广袤沙漠上的"海市蜃楼"的奇妙景象，让人产生无限遐想。

原色系的家具点缀其间，营造出如家般温暖舒适、轻松愉悦的氛围（图 3-12、图 3-13）。

▲ 图 3-11 嘉宾轩客房

▲ 图 3-12 君悦行政套房

▲ 图 3-13 套房内起居空间

二、中山利和威斯汀酒店

项目名称：中山利和威斯汀酒店。

设计公司：YANG 设计集团。

项目地点：广东省中山市古镇镇同兴路 98 号。

坐落于珠江三角洲西岸的中山利和威斯汀酒店（图 3-14），是中国灯都中山古镇的地标性建筑，以当地的灯博中心及灯博会为特色项目，是向世界展示中国灯都风采的重要窗口。酒店整体设计以灯都文化为背景，在充分挖掘文化精髓的基础上，深度探索灯饰背后的精神价值，以空间为媒介，记录城市故事，同时也让酒店本身成为城市故事。

设计延续威斯汀自然休闲的品牌特色，通过光、材质与色彩的相互映衬，营造清新明快的空间基调，同时融入文化元素——"灯"的不同形态，凸显艺术气息，烘托情感氛围。

▲ 图 3-14　中山威斯汀酒店

酒店的大堂被设置在 39 楼，也可以说是"空中大堂"了，落地窗外的美景映入眼帘，使人产生愉快之感。前台后方墙上的装置艺术是"罂"（图 3-15），它是由上百个象征着露水的不规则圆形组成，在清晨，这些"露水"通过反射窗外透进来的阳光，形成一个日出的景象，到了晚上，它则会反射灯光，形成一幅"海上升明月"的画卷，让宾客时刻感受日月相伴，这是整个酒店最为闪耀的艺术装饰。

▲ 图 3-15　酒店大堂艺术细节

位于 39 楼的"空中大堂"，被定义为"情绪过渡"空间。高级灰与原木色渲染出的深色调，有助于调节情绪，让宾客的情感逐渐过渡至平和状态。

大堂吧上方垂落的艺术吊灯，蕴藏着人类文明进步的痕迹（图 3-16）。不规则的灯具形如钻石，星星点点的光，如石头迸射出的火花，致敬"燧石取火"的古老智慧。

"石头"生出的光，不再自火而来，而是从电而出，体现着人类智慧的巨大进步（图 3-17）。

▲ 图 3-16　酒店大堂吧

▲ 图 3-17　大堂吧灯饰细节

　　为充分利用自然光线，设计师最大程度地降低了对玻璃幕墙的阻挡，同时大面积使用木材质，让空间变得温暖柔和。沙发依据人体工学精准打造，既体现了休闲感，又能给客人带来舒适的商旅体验。

　　旋转楼梯优美的线条彰显了空间的艺术张力，内侧石材与外侧金属表皮无缝拼接，时尚大气，也暗示着灯体从古老石器到现代金属的变化历程（图 3-18）。

　　设计团队对灯元素的运用，并非简单展示灯饰本身，而是要传递出"灯"背后所暗含的温暖、光明与希望。灯具都是设计公司联合灯具厂家研制的，每组灯都围绕不同的主题，包括"十里灯街""挑灯夜读""灯火辉煌"等，来营造空间氛围，表达独特的精神内涵。比如大堂吧的艺术吊灯以"石头迸射石火"致敬"燧石取火"的古老文明；全日餐厅及行政酒廊的煤油灯，装点出挑灯苦读后功成名就的生活状态（图 3-19）。还有其他不同的空间及大大小小的灯饰，都有着独特的艺术美，这家威斯汀可谓"灯火十足"。

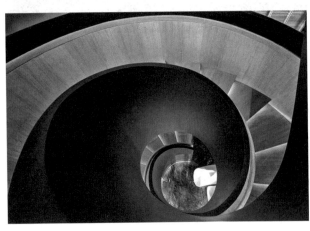

▲ 图 3-18　酒店艺术楼梯

▲ 图 3-19　酒店行政酒廊

全日餐厅（图3-20）的中庭大型陶艺装置糅合了土壤、树干、树冠、阳光的色彩，将自然之美融入艺术之中，给客人带来愉悦的感官享受。陶艺装置的隔断延伸至天花板，与木地板围合成一片相对独立的就餐区，以满足酒店的不同经营需求。

宴会厅（图3-21）由YANG原创的"光立方"艺术灯组组成，将光与科技结合，隐藏了器具形状，让炫彩的光成为空间主角，成为表达情感的独特语言，也展示出灯都拥抱科技与未来的态度。

客房（图3-22）的风格清雅简朴。金属、石材与木材共同构建空间块面与家具造型，沉稳中带着简练，休闲与商务气质共存。地毯的一抹墨绿，略带跳脱却不显凸兀，增加了空间的趣味性。

客房不但实现了干湿分离，这实现了浴卫分离，这样的细节使宾客的体验感上升不少（图3-23）。设计上将"天圆地方"的传统理念融入设计中，圆形灯搭配方形镜子，寓意"四方太平，面面俱圆"。

▲ 图3-20　酒店全日餐厅

▲ 图3-21　宴会厅

▲ 图3-22　酒店客房

▲ 图3-23　客房卫生间

第二节　精品酒店空间设计

一、洞爷湖 We 酒店

项目名称：洞爷湖 WEHOTEL。

设计单位：隈研吾建筑事务所。

项目地址：日本北海道。

隈研吾建筑事务所将位于北海道洞爷湖畔的一所疗养院改造成了一间精品酒店（图3-24），酒店在设计上巧妙地运用了木、布、石等不同的建筑材料，诠释了人与自然的关系，诉说着人与自然合二为一的理念，让来到洞爷湖的人们真正体会到具有纯正日本味道的生活方式。

隈研吾觉得雪松具有温暖的质感，质朴而温和，在寒冷的冬夜，能让人感受到自然的温度，可平衡建筑与自然的关系，所以酒店的建筑外表和内部空间都使用了当地生产的雪松原木。一进入酒店大门（图3-25），迎接宾客的便是木质结构的门厅，光影在缝隙间舞蹈，让人瞬间放松下来。细长的木杆矩阵式排列成面，形成建筑的墙面和天花板，简洁而质朴。

暖黄色的灯光透过布艺吊顶柔和地散发出柔和的光芒，伴着静静流淌着的洞爷湖湖水，使宾客放慢了匆匆的脚步。隈研吾用木料与布料创造了一系列充满冲突而又和谐的空间，酒店内设有一个由褶皱布料构成的洞穴空间（图3-26），从这里可以一览眼前湖面的风景。

木与布是建筑的主要元素，隈研吾说他的灵感来源于洞爷湖的雾，其给人柔软而又温暖的感觉，于是他用布艺和织物打造出了这个犹如被折纸和灯笼笼罩的世界。"布"元素被大量运用于公共空间和餐厅。公共休息区和走廊部分使用同种色彩和质地的天然布料，延展了空间，营造出舒适素雅的氛围（图3-27）。

▲ 图3-24　酒店外观

▲ 图3-25　酒店入口

▲ 图3-26　酒店休息区

▲ 图 3-27　主餐厅与走廊

▲ 图 3-28　吧台区域

▲ 图 3-29　客房内部

"木"元素还被运用在餐厅旁边的酒吧中，木质的橡木桶点缀于天花板和吧台底部，给人一种古朴又迷幻的感觉，使空间特征更加鲜明（图 3-28）。

WE 酒店一共有 55 间豪华湖景客房。宽敞的客房空间里的一切都是简洁的，有着简洁的线条、柔和的颜色，洞爷湖的景致透过落地窗展现在眼前。所有客房均拥有亲水湖景，并配有观景露台，宾客可以180 度尽享不冻湖的四季美景。

客房内部（图 3-29）采用了同样的雪松原木，搭配大面积开窗，同时每间客房的阳台均配有柏木材质的浴盆（图 3-30），客人可以在洗浴的同时享受绝美的湖泊景观和来自树林间的芬芳气息。

▲ 图 3-30　柏木浴缸的景观阳台

　　每个房间的阳台上都有落地窗和露天温泉（图3-31、图3-32），可让宾客享受阳光的照射和微风的吹拂，感受洞爷湖的日升月落、霞光星空。酒店内的墙壁、地板、卫生间等采用素雅的石砖设计，没有多余的线条，体现出大气典雅的现代风格。

▲ 图 3-31　房内落地窗

▲ 图 3-32　温泉区

二、昆明梦景望月精品酒店

项目名称：望月精品酒店装饰设计。

设计单位：智星空间设计机构。

项目地址：云南省昆明市西山区东寺塔步行街北廊 1 号院（近日楼对面）。

项目位于昆明东西寺塔步行街北廊 1 号院，位于市中心地段，不受周边的影响，紧邻东西双塔圣地，而两塔既是佛教圣塔，又是为夜行者指路的灯塔。这寓意着在高远深邃的夜空下，这座塔灯火璀璨，照亮了无数人脚下的路（图3-33）。而"望月"寓意着向往明亮的地方。

▲ 图 3-33　建筑夜景

整座建筑为现代中式的设计风格，以黑白色为基调，将传统的中式元素融入现代设计当中，将昆明本土文化风情融入酒店里（图3-34）。

院子采用的"四合院"是建筑类型（图3-35）。这种设计就是在维持已有房屋结构不变的条件下，通过局部关系的微调改变院落空间的气质并满足多样功能的需

▲ 图 3-34　酒店入口与内院

求，让传统小院能够融入当代城市生活之中。

酒店公区的每个景致都经过了精心设计，陶瓷、玉器、盆景、山石弥漫出浅浅的书香气息（图3-36、图3-37）。

▲ 图 3-35　公共区域

▲ 图 3-36　公共区域座椅　　　　　　　　　▲ 图 3-37　陶瓷与家具装饰

　　闲逸潇洒的生活不一定非要到林泉野径才能体会到，在都市的繁华之中，也能找到一份宁静。昆明梦景望月酒店帮人们达到了在城市中归隐的目的（图 3-38 至图 3-40）。

▲ 图 3-38 酒店大堂

▲ 图 3-39 餐厅

▲ 图 3-40 从客房望向屋外

室内同样融合了当地民族文化及手工艺品等元素，结合酒店的使用功能进行设计，达到了室内空间与建筑、文化、地域环境相融合的最终效果。材质的选择本着质朴、自然、本土、亲和的原则，主要采用了实木、当地青石、童子黑石材、蜡染、皮革、亚麻等材质作为室内装饰材料，尽可能多的暴露建筑原有的木梁、木楼板等结构，与室内装饰浑然一体，从细节上与人文环境融为一体。

客房布局更注重空间的延伸、渗透与分隔。每间客房均设计独立洗手间与步入式衣帽间，卧室睡眠区、书写工作区与会客区按照功能关系划分，配以黑漆屏风、白色肌理涂料、亚麻等元素，丰富了空间层次感，营造出了客房空间的灵动格局（图 3-41 至图 3-46）。

▲ 图 3-41 幽景双床房 41 平方米

▲ 图 3-42 幽景双床房细节

▲ 图 3-43　幽景双床房卫生间

▲ 图 3-44　盛景庭院套房 45 平方米

▲ 图 3-45　盛景庭院套房卫生间细节

▲ 图 3-46　玲珑阁 24 平方米

第三节　民宿空间设计

一、厦门言海民宿

项目名称：言海民宿。

设计单位：杭州时上建筑空间设计事务所。

项目地址：厦门。

厦门言海民宿的名字从其地理位置的谐音符来的——沿海。改造前的"言海"原本是村民的一间房屋，设计师对其进行了区域的重新划分，使其拥有十二间客房、活动草坪、篝火派对区、餐厅以及星空泳池。设计师将建筑设计成礁石的形状，将斜切面的元素运用到空间的每一处细节之中（图3-47）。

▲ 图3-47　言海民宿入口空间

一进入空间，转角处的休息区种植的仙人掌等热带植物、粗犷的陶罐与米色涂料的搭配，让人产生了仿佛在沙滩上度假的感受。另一处则是一片草坪派对区（图3-48），可以满足各种活动的需求。由建筑看向草坪区域，空间高度的抬升以及木质的座椅使空间界面更具层次性，绿色植物与树木形成呼应，颜色搭配协调。

大厅的木质楼梯悬浮在空间中，犹如一个艺术装置，增加了空间的趣味性，深色木纹使空间形成了视觉中心，并使空间更具稳定效果（图3-49、图3-50）。

▲ 图3-48　言海民宿庭院草坪区　　　　　▲ 图3-49　言海民宿大厅

设计师将公共区域与餐厅（图3-51、图3-52）结合，有利于增加室内采光，提升空间的通透性。人们透过落地玻璃可以看到星空泳池的全景。采用米色涂料和木制装饰艺术品作为点缀，并搭配深色木制桌椅，可以提升餐厅的空间温度。设计师通过斜角划分空间区域，与餐厅吧台形成呼应。

设计师希望客人可以从房间中直接跃入水中，时刻能与大海进行互动，因此在两个客房建造了一个星空泳池（图3-53），呼应了"海天一色""把海搬进空间"的概念。

建筑在拥有功能性的基础上能够与自然相结合，显得独具一格。客房将椰子中果肉与壳的色调融入空间中，选用米色涂料与木材做搭配，呈现出明媚温暖的质感。墙体的镂空造型使空间内部产生联系。loft形式的空间布局可以满足客人的休息和休闲需求（图3-54、图3-55）。

▲ 图3-50　大厅楼梯细节

▲ 图3-51　言海民宿前台区域

▲ 图3-52　言海民宿餐厅

▲ 图3-53　星空泳池

▲ 图 3-54　一层客房（一）

▲ 图 3-55　一层客房（二）

　　亲子房（图 3-56、图 3-57）中的结构形态各异，充满着趣味性，配上滑梯与镂空墙，整个空间就是一个游乐园。考虑到实用性与美观性，圆形的弧度能够最大程度保障孩子在玩乐时的安全。

▲ 图 3-56　亲子房（一）

▲ 图 3-57　亲子房（二）

　　言海民宿共有十二间客房，其中有七间套房（图 3-58、图 3-59）和五间 loft 亲子房，大海的元素在房间内随处可见，展示了出空间与自然的和谐共生。

▲ 图 3-58　套房起居空间

▲ 图 3-59　套房睡眠空间

　　套房内独立的院子与泡池（图 3-60）很好地隔绝了环境的干扰，使宾客享受到极致的私人度假体验。

　　另一间套房与泳池相连（图 3-61），也有一个独立的院落，原生的石头与树木在空间中中形成新的碰撞，客人在这里可享受片刻宁静。

▲ 图3-60　独立的院子与泡池

▲ 图3-61　和泳池相连的套房

　　设计师以穿透海底的光线为设计灵感，分别使用圆形与长条形的造型作为屋檐，可以最大程度地让阳光洒满空间的每一个角落（图3-62）。

　　走上三层的客房，可以看到不远处的海景，背景墙呈浪花的形态倾斜在空间中，富有动感。大落地玻璃窗的设计将自然引入室内，能够调动起人们所有的感官。为了能让人与海更加接近，设计师建造了一个能走出去的阳台，让人与海对话，将一切情感都融入在自然风景中（图3-63、图3-64）。

▲ 图3-62　二层客房

▲ 图 3-63　三层海景客房　　　　　　　　　▲ 图 3-64　海景房浴缸

二、马儿山村·林语山房民宿酒店

项目名称：张家界马儿山·林语山房（又名燕儿窝）。

主持建筑师：陈林。

结构形式：混凝土框剪（钢木结构）。

建筑材料：木模混凝土、非洲柚木、毛石墙、青砖、土砖、小青瓦、水磨石、水洗石、合成竹。

建筑面积：1200 平方米。

竣工时间：2020 年 8 月。

马儿山村离张家界主城区约 25 分钟的车程，相较于张家界景区，这里的山虽不是奇峰却也林木葱茏，加上零星散落于山坡田野间的民居，别有一番野趣。场地上原有两个用来烧烤的木构亭子，被松树、苦莲子树、小竹林、银杏林包围。北面远望可见连续的山景，如卷轴般铺展在视野内。这般环境及氛围，成为林语山房设计过程中最有力的依据（图 3-65）。

马儿山村有一定的建设条件，作为张家界美丽乡村的典范，已有固定的游客来源。周末时分，选择来此游玩休憩的游客不少。对民宿的改造既要满足家乡儿女回乡居住的需求，又不能改变房子中原有乡村式的精神寄托。

▲ 图 3-65　马儿山村·林语山房民宿酒店

　　建筑用地由三个宅基地组成，呈长条状，在东西方向上有将近3米的高差，两个宅基地位于西侧，一个宅基地位于东侧，刚好建筑就形成了两个主体，一高一低，一大一小，中间用一条半透明的楼梯廊道连接，场地又是南高北低，设计师利用原有场地的特点顺势挖了一部分地下空间，作为后勤储藏和设备用房使用，东侧的这部分高差则设计成一个开放的灰空间，为客人提供一个灵活的半室外空间（图3-66）。场地中的水系也顺着室外场地台阶逐级流下，形成多个小瀑布水口，给客人一种独特的体验。

▲ 图3-66　架空的灰空间，远山若隐若现

　　为了不改变原有的场所感，树木被尽可能地保留。建筑被植被包裹，人又被建筑包裹，建筑保留"犹抱琵琶半遮面"的隐秘感的同时，客人的体验也变得丰富了起来。同时，不同季节林木的形态不同，环境的通透性也会不同，在夏季茂密叶片与冬季裸露枝干掩映下，建筑可视度也有差异。

　　远山作为关键要素，在建筑的下部分空间中，山体隐隐约约从树干间透出来，越往上行走，视野越开阔，连续的山屏也逐渐显现。同时，通过客房不同的开窗方式，远山被引入的状态也不同，有长条卷轴式、框景片段式，也有连续断框画幅式，不同方式与不同的空间尺度、类型相呼应（图3-67、图3-68）。

▲ 图3-67　连续断框画幅远山框景

▲ 图3-68　片段式远山框景

　　场地不仅包括场地本身，周围的树木、相邻的房舍、远处的山屏、一侧的田野、围合的竹林都是场地的一部分。人融入其中，建筑的空间和视野也围绕其展开。一层接待大厅（图3-69）是一个横向展开、相对低矮的空间，压缩了体感。

　　右行下几步台阶，就进入了下沉的休闲区域，连续的横向玻璃窗将树林景观引入室内空间，为宾客提供了相对开阔的视野（图3-70、图3-71）。

　　从休闲厅绕行至左侧，此处设置了水吧和早餐厅，吧台以天然的自然景观为背景，斑驳的竹影形成了天然的动态画面（图3-72）。

　　从接待厅穿过竹格栅连廊，便来到了一层的客房，东北侧客房视野开阔，村子的田野和远山景观都能被引入客房中，宾客在不同季节入住会看到田地里不同颜色和种类的作物。客房布置简单（图3-73），空间围绕两个方向的景观展开布置，床朝向北侧的远山，喝茶区则朝向东侧田野，户外有一个L型的休闲阳台，卫生间干湿分离、开放自由，浴缸设置在大玻璃窗边，泡澡时可让身体更接近自然。

▲ 图3-69　横向延展的接待大厅空间

▲ 图3-70　横向连续的长条玻璃窗

▲ 图3-71　树林的光影投到休闲空间中

▲ 图3-72　早餐厅对应的水吧和竹林

▲ 图3-73　一层客房空间

顺楼梯拾级而上，便到了二层的客房，亲子房的体验令人惊喜（图3-74、图3-75）。空间分上下两层，内部有楼梯，室内空间根据不同使用属性设置了不同的高差和地面材料，一层布置一个大床，二层南北两侧分别有两个大床，可以提供家庭般的居住体验，二层亲子客房上面直接是建筑的屋顶，木结构裸露，阁楼北侧开了一条窄长窗，把远处的山景框入窗内，像是横轴画卷。

▲ 图3-74　有内部悬挑楼梯的亲子客房

▲ 图3-75　木结构裸露的亲子夹层空间

顶层是一个大套房，空间横向延展，从玄关转入后便能看到连续的山景，视野被完全打开，近处有部分树权冒出，形成强烈的层次感。坐在阳台，微风拂面，喝茶看山，非常舒适。套房的布局以内天井和浴缸、泡池为界，分成两个区域，一半是睡觉喝茶区，一半是休闲水吧区，空间通透自由，屋顶木构梁架裸露，结构与空间的关系一目了然，清晨鸟叫声响起，打开窗帘便让人心旷神怡（图3-76）。

▲ 图3-76　大套房空间

设计师更希望建筑的立面材料能具有地域性。回到自然与建造的关系上，充分利用当地材料既可控制建造成本，又能方便地找到当地工匠施工。像垒毛石、土砖墙、水洗石、水磨石、青砖墙、小青瓦等，都是当地非常常见的材料，施工工艺简单，易取材，建造精确性易把握。

在结构的选择上，设计师认为结构本身就是可以被表现的。结构是建筑空间和墙体体系的一部分，可直接被感知。用木模、混凝土进行一次性浇筑，既可以形成剪力墙结构，又能形成内外空间墙顶面，木纹和水泥既纯粹又能被直接触摸，而且可以形成无柱大开间空间，减少柱子的使用，实现空间自由。木构在当地传统建筑中被广泛使用，建筑的上半部分使用纯木构，与剪力墙结构体系咬合，木构杆件在室内空间中直接裸露，无二次装饰面层，结构材即空间面材，所有电线都走在屋顶保温层空腔里，与建筑结构和室内效果极致贴合（图3-77、图3-78）。

▲ 图 3-77　架空的室外空间，混凝土现浇裸露

▲ 图 3-78　顶层木结构走廊空间

　　马儿山村·林语山房民宿酒店体现了相对综合的一体化设计实践，涵盖了项目定位策划、区域规划、建筑、室内、软装、景观、灯光、结构、水、电、暖、智能、标识导视等全专业、全系统、全过程的整体设计，形成了建筑与室内空间的连贯性、硬装和软装搭配的完整性、建筑跟景观衔接的延续性、结构与材料关系的统一性。各方面在图版和实践中都做到了比较好的配合，也减少了很多施工过程中的矛盾冲突，大大缩短了项目的施工周期，建筑、室内、景观施工紧密衔接，节省了大量的造价成本。同时一体化的设计过程保证了设计语言系统的完整。材料体系的贯穿实现了室内外的自然过渡，创造了空间的完整性，最后呈现出了完整统一的空间效果。

参考文献

［1］胡亮，沈征 . 酒店设计与布局 [M]. 北京：清华大学出版社，2013.

［2］《旅游饭店星级的划分与评定释义》编写组 . 旅游饭店星级的划分与评定释义 [M]. 北京：中国旅游出版社，2010.

［3］成湘文，成梓 . 酒店室内设计与管理 [M]. 北京：北京大学出版社，2014.

［4］王远坤，蔡文明，刘雪 . 酒店设计与布局 [M].3 版 . 武汉：华中科技大学出版社，2020.

［5］北京大国匠造文化有限公司 . 酒店设计 [M]. 北京：中国林业出版社，2017.

［6］朱淳，王美玲 . 酒店及餐饮空间室内设计 [M]. 北京：化学工业出版社，2014.

［7］王奕 . 酒店与酒店设计 [M].2 版 . 北京：中国水利水电出版社，2012.

［8］王琼 . 酒店设计：方法与手稿 [M]. 沈阳：辽宁科学技术出版社，2007.

［9］普林兹 .New 主题酒店 [M]. 殷倩，赵婷婷，陈伟治，译 . 沈阳：辽宁科学技术出版社，2009.

后记

　　《酒店空间设计》一书讲述了酒店空间设计的基本理论知识和设计方法，列举了大量优秀的酒店空间设计案例，内容丰富，图文并茂，为读者深入理解酒店设计和文化提供了丰富的参考借鉴。

　　本书的编写得到了北京上舍室内设计有限公司的创始人余洋的支持与帮助，在此表示衷心的感谢！

　　书中的资料收集，图片与文字的整理、校对等工作得到了阮志超、李扬、王峥、丁丁、赵欣然等人的大力协助，谨向他们的辛勤工作和努力致以衷心的感谢！

　　本书在编写的过程中，查阅了大量相关资料和优秀酒店设计案例，其中部分图片无法与原作者取得联系，故未署名，请各位海涵，也期待这些作者与我们取得联系。

　　愿本书的问世，能满足环境设计专业教学和设计爱好者的需求，对广大读者有所帮助和启示。由于酒店空间设计的快速发展，其专业理论不断深化，加上编写时间紧促，书中可能出现诸多不足之处，希望有关专家和广大读者批评指正。

编　者

2023 年 1 月

版权声明

根据《中华人民共和国著作权法》的有关规定，特发布如下声明：

1. 本出版物刊登的所有内容（包括但不限于文字、二维码、版式设计等），未经本出版物作者书面授权，任何单位和个人不得以任何形式或任何手段使用。

2. 本出版物在编写过程中引用了相关资料与网络资源，在此向原著作权人表示衷心的感谢！由于诸多因素没能一一联系到原作者，如涉及版权等问题，恳请相关权利人及时与我们联系，以便支付稿酬。（联系电话：010-60206144；邮箱：2033489814@qq.com）